吃透你了，纽约

NEW YORK

Mr.Q 著

中国财经出版传媒集团
中国财政经济出版社

图书在版编目（CIP）数据

吃透你了，纽约/ Mr.Q著. -- 北京：中国财政经济出版社，2015.9
（美食侦探系列）
ISBN 978-7-5095-6270-3

Ⅰ.①吃… Ⅱ.①M… Ⅲ.①饮食－文化－纽约 Ⅳ.①TS971

中国版本图书馆CIP数据核字(2015)第140963号

责任编辑：潘飞　　　　　　特约编辑：张芸　王雯倩
封面设计：彭小飞　隋文婧　　版面制作：屈艳军
内页手绘：张风知

中国财政经济出版社 出版

URL: http//www.cfeph.cn
E-mail: cfeph@cfeph.cn
（版权所有 翻印必究）
社址：北京市海淀区阜成路甲28号　邮政编码：100142
营销中心电话：010-88190406 / 北京财经书店电话：010-64033436
北京时捷印刷有限公司印制　各地新华书店经销

150×180毫米　32开　6.5印张　108 160字
2015年9月第1版　2015年9月北京第1次印刷
定价：36.80元
ISBN 978-7-5095-6270-3/TS · 0033
（图书出现印装问题，本社负责调换）
本社质量投诉电话：010-88190744
反盗版举报热线：88190492 88190446

吃透你了,纽约

在纽约品味全世界

　　纽约是一个神奇的地方，她或许没有罗马的恢宏气势，巴黎的浪漫风韵，东京的摩登前卫，甚至都无法找到一个具体的形容词来描述她的特性。她集优雅、时尚、魔幻、现代于一身，变化不同的角度展现出她无与伦比的美丽。中国城、韩国城、小意大利区、日本街、印度城集聚纽约，所以也没有另外一个城市能像她一样成为真正的"世界村"。世界各地的移民涌入纽约，为其注入了丰富多彩的文化，而这多元的文化熔炉又烹制出了各具风情的绝妙美味。如果你要问我何为纽约美食，那我便会告诉你：在纽约你就能"品味全世界"。

　　纽约拥有超过18000家的各式餐厅，其中有73家餐厅（2015年）获得"米其林星级餐厅"称号，这无疑让她成为全球"美味城市"之一。在纽约，你可以肆意挥霍美食带来的幸福感，早上享用一顿温馨而甜蜜的美式早午餐，中午前往顶级牛排屋品尝红肉大餐，晚上再赴米其林法式餐厅静心品味一席长达三小时的味觉盛宴。印度的咖喱、日本的寿司、古巴的海鲜炖饭、越南的米粉、意大利的冰淇淋……只要你能想到的美味，无一不汇集到了这座城市。从低至99美分的平价小吃到高达上千美元的奢华盛宴，纽约几乎可以满足食客的所有需求。

　　人们来到纽约，用美食来掠夺土地，以香味来划分区域。每到一处，人们的味蕾都会被浓郁的异国风情所掳获，深陷其中，无法自拔。这种潜移默化的食物"侵略"可与武力抢夺或经济封锁平起平坐了。渐渐地，在纽约生活的人们可以适应来自天南海北的味道。他们可以泰然地面对猪脚、生鸡肉、牛舌等"奇怪食物"，也能谈笑风生地操着蹩脚的法语、中文、日语来点菜。

对于不同食材或菜系的融合，纽约人更以其创造性的思维与兼容并蓄的心态愉悦地接受着所有的可能性。中餐与日餐搭配，日餐与泰国菜结合，泰国菜与印度菜再创作，墨西哥菜与日本餐混搭，美国传统餐点与法餐、意大利餐的创新，等等，各种泛亚洲、泛美洲、泛世界的Fusion（混合料理）在纽约大行其道。汉堡夹入拉面，墨西哥玉米饼配上华夫饼，美式甜甜圈遇到法式可颂面包，一时闪现的奇思妙想都有可能成为最新的美食趋势。在纽约，只要你敢于创造，就会有人为你捧场，任何不可思议的美食都有机会一夜爆红。

有人说，爱上一座城是因为城中住着某个喜欢的人。而我爱上纽约，却是因为这里住着太多风情万种的"爱人"：炽烈如火的墨西哥菜肴，清新温婉的日式料理，精细雅致的法式美馔，豪放朴实的古巴风味。他们挑逗着我的味蕾，侵扰着我的思绪，勾动着我的魂魄，让我心心念念不忍离去。在纽约做美食编辑的这几年，我深深感受到食物不仅仅是果腹之物，还是值得探索的艺术，每一种食物的背后都有一段历史，每一家餐厅的背后都有一个与梦想或与家庭有关的动人故事。顺着那缕飘散于空气中的香味，请大家和我一同来铺开这幅暗香浮动的纽约美食地图吧！

目录 Contents

目录 Contents

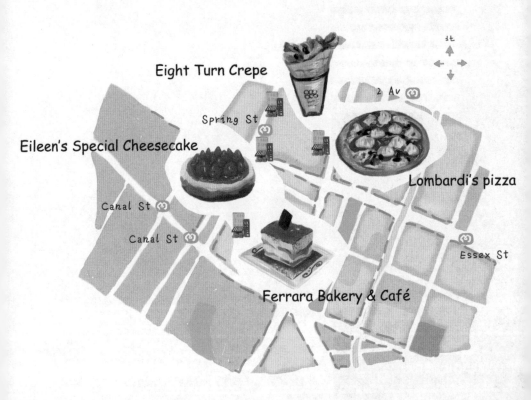

Eight Turn Crepe

2 Av Ⓜ

Spring St Ⓜ

Eileen's Special Cheesecake

Lombardi's pizza

Canal St Ⓜ

Canal St Ⓜ

Essex St

Ferrara Bakery & Café

小意大利区

FERRARA BAKERY & CAFÉ

商 家 信 息

地　　址：纽约格兰街195号（195 Grand St., NY 10013）

交　　通：乘坐地铁B、D号线到格兰街（Grand St.）站，步行6分钟

营业时间：08:00～24:00（周日至周四），08:00～次日01:00（周五）

人均消费：15～60RMB

百年意式糕点店

紧邻中国城的小意大利区曾经是纽约最大的意大利人聚集地。南到渥世街（Worth St.），北达肯马尔街（Kenmare St.），西至拉斐特街（Lafayette St.），东近包厘街（Bowery St.）。如今，很多意大利人早已迁离此地，仅在莫柏丽街（Mulberry St.）留下了三个街口，剩下一些意大利餐厅、烘焙坊供人遥想当年意大利移民背井离乡来到新大陆的辛酸历史。

莫柏丽街曾被称为"纽约贫民窟的罪恶摇篮"。这里充斥着毒品、暴力，每天都上演着《教父》（*The Godfather*）里的血腥掠夺。在这里，人性最丑恶、最残忍的一面被无限制地放大。1910年，小意大利区聚集着过万的意大利移民，他们在纽约建立了一个与世隔绝的那不勒斯式的小村庄，依然延续着自己特有的风俗、语言、金融与文化系统，当然还有他们最眷恋的家乡美食。

我不敢说小意大利区里的意大利菜是全纽约最美味的，但这里确实孕育了独具纽约风味的意大利佳肴。短短的三个街口见证了意大利移民的百年沧桑，沿袭着意大利街头的浪漫与随性，所以这里大多数意大利餐厅都将桌椅摆在了户外。人们可以一边品尝着意大利的熏肉芝士，一边品味着意大利的美酒，耳畔还会响起雄浑而有力的意大利歌剧。

如果想体验一次罗马假日般的梦幻，你可以去有着百年历史的意大利烘焙房Ferrara Bakery&Café。它不是一家简单的蛋糕店，而是小意大利区的美食地标。

　　1890年到1900年的十年被人们称为最欢乐的十年，来自世界各地的移民给纽约带来了前所未有的活力。意大利人喜欢在听完普希金的歌剧或玩完Scopa（那不勒斯地区的一种牌）之后，喝一杯香浓顺滑的Espresso（意式特浓咖啡）。但那时的纽约，却没有一家售卖Espresso的咖啡屋。

　　1892年，Enrico Scoppa和Antonio Ferrara开办了全美第一家Espresso bar（特浓咖啡屋）——Ferrara。除了地道的意式特浓咖啡，他们还出售意大利的小饼干和各种特色糕点。

　　100多年过去了，Ferrara Bakery & Café 已由家族的第五代传人接管经营，期间里根总统、洛克菲勒等美国政商名流都曾多次到访。Ferrara Bakery&Café 较百年之前扩大了不少，但轻松休闲的氛围却没有改变。该店的第五代传人Lepore先生说，Ferrara就是一个让人可以开心喝咖啡、聊天的地方，静静地享受慢节奏的生活就是意大利的咖啡文化。

　　Ferrara Bakery&Café 的糕点完全不甜腻，清新的口感与美式甜点的重口味有着天壤之别，非常适合亚洲食客。

　　Ferrara Bakery&Café 最为出名的要数意大利特色糖果——Torrone（蜂蜜杏仁糖）。这是一种店家特选大颗且饱满的杏仁粒来制作的糖果。浓郁清香的杏仁与蜂蜜和其他配料一起在大型的搅拌机中研磨成细腻的粉状，再经过多重工序制作出蜂蜜杏仁糖。Ferrara Bakery&Café 采用的是贝内文托的古法炮制，由于杏仁糖中不含有奶制品，可以储存较长时间，很多客人都将其作为伴手礼送给朋友。

　　Ferrara Bakery&Café 的Cannoli（芝士脆卷）也是招牌甜点。小意大利区的所有点心店都会售卖Cannoli，但每家的味道都不一样。Ferrara蛋糕店每天都会制作新鲜的芝士脆

卷酥皮和乳清干酪。将油酥面皮卷成小管状，两头呈现出斜切口，里面灌满了新鲜的白色的乳清干酪、干果粒和巧克力豆。甜甜的干酪奶香浓郁，口感细腻。

Ferrara蛋糕店醉心于"家常味"的手工点心制作，这里的所有面皮、干酪都是自家制作。除了大个的Cannoli外，他家还推出了小巧可爱的迷你型Cannoli，深受客人的喜欢。原味和巧克力味道的酥脆外皮配上软糯甜蜜的芝士内馅，香醇的味道让人回味良久。

Ferrara蛋糕店除了自制的意大利点心外，还从意大利进口了许多高品质的特色巧克力、糖果等，这里就如同一个小小的意大利杂货铺。其中有一款从意大利进口的Torrone sofe Nougat（杏仁开心果牛轧糖）非常有特色。我们一般吃的牛轧糖都是包裹着花生粒的，而这款牛轧糖则是用烘烤酥脆的大颗粒开心果仁和杏仁粒为主料，口感绵绵软软，而且完全不粘牙，即使牙口不好的老人食用也不会有问题。

每天都有无数来自世界各地的客人慕名到Ferrara Bakery&Café品尝正宗的意大利甜点。坐在百年老店中点上一杯香气扑鼻的特浓咖啡，配上一小块浓郁香滑的意大利芝士蛋糕，超级软绵的提拉米苏抑或Gelato（手工意式冰淇淋）。细细品味一番爽滑甜点与苦涩咖啡间的温情对话，正如意大利经典电影《美丽人生》（*La Vita è Bella*）中的黑色幽默，即使在最悲苦的日子里，意大利人仍然可以凭借与生俱来的乐观天性，找到清苦之后的那一丝甜蜜。

美 食 推 荐

提拉米苏
Gelato（意式冰淇淋）
意大利芝士蛋糕
Cannoli（脆皮芝士卷）

EILEEN'S SPECIAL CHEESECAKE

商 家 信 息

地　　址：纽约克利夫兰城17号（17 Cleveland Pl., NY 10012）

交　　通：乘坐地铁6号线到斯普林街（Spring St.）站，步行2分钟

营业时间：09:00～21:00（周一至周五），10:00～19:00（周六至周日）

人均消费：20RMB(小块)、180～2500RMB（10寸）

有着妈妈味道的轻盈芝士蛋糕

若提到纽约标志性的美食，第一个闪现于我脑海中的便是"Cheesecake"（芝士蛋糕）。虽然芝士蛋糕并不是纽约所独有，但唯有纽约的芝士蛋糕能够自成一派，所以被称为New York Cheesecake。它最主要的特点就是芝士奶香醇厚而浓郁，口感扎实而爽滑。纽约芝士蛋糕有一种锁住美味的魔力，任何人只要小试一口，就立刻被其润滑细腻的质感所深深吸引。但对于大部分的华人食客而言，纽约芝士蛋糕虽然好吃但比较厚重，吃完之后难免会觉得甜腻。

我在品尝了众多纽约芝士糕后，觉得有一家名为Eileen's Special Cheesecake的芝士蛋糕既香醇又清爽。香浓的芝士会慢慢地、柔柔地拂过你的舌尖，待舌头轻轻将其绵软的身姿卷起，唇齿之间就已留下最为浓郁的奶香，久久难以散去。

Eileen's Special Cheesecake是一家有着40年

历史的老店，位于北小意大利区。店主Eileen原本是一位家庭主妇。一次极其偶然的机会，她用过世母亲留给她的芝士蛋糕配方烘焙了一个蛋糕给附近熟食店的老板品尝。老板品尝之后赞不绝口，称这是他吃过最美味的芝士蛋糕，并要求Eileen为其店铺提供芝士蛋糕。

一次小小的尝试竟开启了她的甜蜜事业。随着需求的不断增加，Eileen决定自己开店，她将店址选在了当时租金非常便宜的克利夫兰城。40年前，克利夫兰被称为"幽灵之城"，在纽约地图上都无法找到此地，整条街仅有几栋废弃的房屋。但美味的穿透力却是无法抵挡，越来越多的人来此寻觅美味的芝士蛋糕。40年后的今天，Eileen的芝士蛋糕已为纽约人所熟知，还曾被《纽约杂志》、哥伦比亚广播公司等主流媒体多次报道过，而当年的僻静之地，如今也已经成了纽约最热门的旅游景点之一。

之所以起名为Special Cheesecake（特别芝士蛋糕），一方面是因为Eileen的母亲生前只在特殊的节日才会

专门制作芝士蛋糕，对她而言，芝士蛋糕是童年最美好的回忆，记忆中充斥着妈妈的味道；而另一方面是因为这款特别芝士蛋糕在制作方法上相对于传统的纽约芝士蛋糕有所改良。她将蛋白和蛋黄单独打发，从而降低了芝士蛋糕的厚重感，同时减少了糖分，使得芝士蛋糕的口感更加轻盈爽口。而且，Elieen的芝士蛋糕饼干底层薄而湿润，芝士与饼干脆底几乎融为一体。这与美国中西部地区芝士蛋糕的厚实饼底口感截然不同。

Eileen's Special Cheesecake店面虽然不大，但布置得却很温馨。在美国，人们喜欢将自己家人和朋友的照片挂在墙上，而Eileen则将顾客当成了家人。所以这里有一面特别的照片墙，记录着人们享用Eileen's芝士蛋糕庆祝人生重要时刻的美妙瞬间。很多老主顾从孩童时起就喜欢吃她家的芝士蛋糕，可以说，Eileen's Special Cheesecake陪伴着他们长大。

每一年，Eileen都会增加一种新的口味。如今这里已经拥有多达40种不同的味道，除了原味、草莓、巧克力、红丝

绒、咖啡等传统口味，还有蓝莓、芒果、樱桃、椰子、爱尔兰咖啡、焦糖核桃、南瓜等特别口味。绚烂的色彩、可爱的外形一定会让你眼花缭乱。

如果是第一次品尝她家的芝士蛋糕，我建议你还是首选原味。因为这种最为单纯的味道可以让客人专心体味芝士的香浓和绵密。而新推出的香蕉巧克力味道也是热门之选。新鲜的香蕉片平铺于蛋糕之上，香蕉与巧克力完美地融合在了一起，但又不失各自独特的味道。

除了芝士蛋糕外，Elieen家的双味巧克力慕斯也非常棒。白巧克力的甜蜜与黑巧克力的苦涩交织在一起，挑逗着你的味觉神经。这时，只须再配上一杯伯爵红茶，一本浪漫小说，就是最惬意的纽约午后。

原味芝士蛋糕
草莓味芝士蛋糕
香蕉巧克力味芝士蛋糕
双味巧克力慕斯

LOMBARDI'S PIZZA

地　　址：纽约斯普林街32号（32 Spring St., NY 10012）

交　　通：乘坐地铁6号线到斯普林街站，步行3分钟

营业时间：11:30～23:00（周日至周四），11:30～24:00（周五至周六）

人均消费：18寸大比萨（8片）141RMB、14寸小比萨（6片）117RMB

纽约比萨饼的鼻祖

虽然美国最著名的比萨连锁店Pizza Hut（必胜客）发迹于堪萨斯州，但美国比萨的真正起源地是纽约。如果你去纽约街头采访"什么是纽约美食"，大概会有一半以上的民众会将比萨这个外来食物列入其中。其实纽约本来就没有所谓的特产，她的包容性让所有外来食物都深深地打上了纽约烙印。

2010年的统计数据显示：纽约有超过400家不同品牌的比萨专营店，价格也从99美分到几十美元不等。纽约人爱吃比萨，但他们不会端坐于桌前以刀叉为佐，而是将一片厚厚的比萨对折起来，爽朗地咬上一口。对他们而言，纽约比萨胜过一切珍馐美味。

那么，何为NY Style Pizza（纽约比萨）？想要了解纽约比萨就一定要去全美第一家意大利比萨店Lombardi's看看。1897年，一位名叫Gennaro Lombardi的意大利移民将那不勒斯的地道美食——比萨饼带到了

纽约。1905年，Gennaro Lombardi在斯普林街和莫特街的交界口开办了Lombardi's。纽约市第一家比萨店由此诞生，它也是全美真正意义上的第一家比萨店。而我们今天所说的纽约比萨，正是由比萨鼻祖Lombardi's演变而来的。

100多年后的今天，Lombardi's已经在原店的基础上扩大了一倍，但仍然是高朋满座，每天都会有来自五湖四海的客人站在店前排队等候，只为一睹纽约最古老的比萨名店。

我们所熟悉的必胜客、棒约翰比萨都是用电炉烤制的比萨，所以不能称为真正意义上的纽约比萨。Lombardi's比萨为纽约比萨制定了严格的标准，只有用煤炭炉子烤制出带着焦香黑底、口感扎实、有嚼劲、面皮柔软脆薄的比萨饼才是真正的纽约比萨。出于环境因素的考虑，纽约已经不允许新开的比萨店用煤炭炉烤制比

萨，Lombardi's是现存为数不多可以享用到真正纽约比萨的比萨老店。

Lombardi's店门口的墙壁上画着蒙娜丽莎端着比萨饼，露出迷人微笑的涂鸦。走进Lombardi's，墙上挂着那不勒斯的风情壁画，木桌上铺着充满乡村气息的红白格子桌布。这里没有奢华的装饰、精美的餐具，它吸引客人的就是那一股沉积着炭火味道的焦香。习惯了必胜客改良比萨的中国客人第一次品尝Lombardi's或许会有些惊讶，为何这里的比萨这么普通却如此受欢迎。

的确，这里没有必胜客那么多纷繁复杂的选择，也没有厚、薄面皮的不断创新。它保持着100年以前的古朴做法。劲道的面饼还散发着天然酵母的清香，四周的面皮受到热气的冲击而高低不平地膨胀凸起。手指碰到披萨底部都会留下黑黑的印记，而这些正是地道纽约比萨的标记。

Lombardi's从来不迎合任何客人。它没有准备新奇的

配料，有的只是最为新鲜的九层塔、每天自家制作的番茄酱、意大利腊肠、鲜美多汁的大肉丸，还有必不可少的意大利白干酪。

来到纽约，人们一定要去Lombardi's买一张外皮酥脆、面皮柔软弹牙的地道比萨饼，一同来见证纽约的百年美食。这里的比萨不单片售卖，只能整张购买，而且也只收现金。他们家除了比萨饼外，还有招牌蛤蜊派，也是采用百年前的秘方烹制，深受客人喜爱。

原味比萨

祖母肉丸

蛤蜊派

EIGHT TURN CREPE

商 家 信 息

地　　址：纽约斯普林街55号（55 Spring St., NY 10012）
交　　通：乘坐地铁6号线到斯普林街站，步行1分钟
营业时间：11:00～23:00
人均消费：40～60RMB（额外配料需另外加钱）

当纽约邂逅东京

纽约下城的斯普林街可是名副其实的美食一条街，这里除了有纽约最古老的比萨店Lombardi's外，还有不少有特色的甜品屋。就在Lombardi's的不远处，一个不起眼的街角坐落着一家超人气的日式可丽饼店Eight Turn Crepe。

开业仅两年，Eight Turn Crepe就已经成为甜点迷的新宠。很多纽约客都特地从曼哈顿上城或中城赶到这里品尝新鲜出炉的可丽饼。

纽约从来不乏美味的法式可丽饼，仅曼哈顿就有超过40余家专营可丽饼的甜点店，还有很多流动的美食餐车也售卖可丽饼。来自日本东京的Eight Turn Crepe究竟有何魔力能征服纽约客极度挑剔的味觉神经呢？

传统的法式可丽饼采用的是面粉糊，而Eight Turn Crepe则是选用别具东方风情的米浆。将上等大米慢慢碾磨成细腻而润滑的米浆，再倒入圆圆的烤盘之上，只见厨师用小木棍沿顺时针方向将米浆推转一周，几秒钟之后，米浆便摊成了一张带着米香的薄饼。

比起传统的面饼皮，米饼皮更加的柔软轻薄。米浆遇热后产生的焦香让人怀念起儿时的米粑粑，那一层金黄的脆底

尤其好吃，简单的味道总是最让人眷恋。虽然厚度与质感完全不同，但那锅底烫出的金棕色花纹与那熟悉的阵阵炉火香气仿佛穿越了时空和地域，钻入了童年最美好的味觉记忆中。

Eight Turn Crepe可丽饼不仅面皮带有东方特色，就连馅料也加入了不少亚洲食材的元素。抹茶、海苔、青豆、荔枝、豆腐等都被包裹其中，不仅有传统的甜味可丽饼，还有咸味的可丽饼三明治。

Eight Turn Crepe的总部虽然在东京，但纽约分店的合伙人却是地道的纽约客。纽约人不喜欢一成不变的东西，任何有创意的奇思妙想在这里都可以大行其道。所以，他们将可丽饼与传统的三明治、沙拉、冷盘相结合，打造出不一样的纽约可丽饼世界。

在这里，可丽饼不仅是饭后甜点，它可以是早餐、午餐、晚餐或是零食。纽约人最爱的传统早餐炒鸡蛋配上自制的豆腐酱，再撒上一些松露盐，一份营养又快捷的早餐——新式可丽饼就新鲜出炉

了。中午，人们厌倦了传统的三明治，便可以在这里点一份Shrimp Avocado（鲜虾牛油果可丽饼），或者Tuna Nicoise（吞拿鱼沙拉可丽饼）。想品尝日式照烧鸡肉，但又不想配米饭，Chicken Teriyaki（照烧鸡肉可丽饼）给了大家更多不一样的选择。总之，Eight Turn Crepe给了吃货们很多不想好好吃饭的理由。

如果在下午三四点，我不太想吃一顿过于饱足的正餐，通常会买一份鲜虾牛油果可丽饼。Cocktail Shrimp（鸡尾虾）是最常见的美式虾肉做法，一般作为凉菜或者小点来食用，将虾肉尾巴部位的外壳保留下来，用热水氽烫到七八分熟，蘸着酸甜酱汁食用。这样的虾肉口感非常鲜嫩，配上肥厚扎实的牛油果和一些蔬菜沙拉，再淋上酸辣酱汁，一份清爽的轻食午餐刚好可以慰藉一下略感寂寞的味蕾。

而最为传统的甜味可丽饼当然是不容错过的。东瀛风味的抹茶可丽饼，清新微苦的抹茶酱汁配上新鲜的草莓、巧克力、开心果仁等，客人还可以自选加入意大利Geltao冰淇淋球和巧克力饼干棒等（需要额外付款）。还有巧克力与香蕉片的完美组合Banana Nut Chocolate（香蕉果仁巧克力可丽饼），又或是热带水果总动员的Harajuku Fruit Cocktail（原宿水果鸡尾酒可丽饼），充溢着纽约味道的NY Blueberry Cheesecake（蓝莓芝士蛋糕可丽饼）都会让人舔着嘴角的甜蜜，不自觉地幸福微笑。

Eight Turn Crepe的选料非常严格，冰淇淋是采用纽约大名鼎鼎的Il Laboratorio Del Gelato意式冰淇淋，而鸡蛋、豆腐、蔬菜等使用的都是有机食材。难怪开业不久，这里的食客就络绎不绝，若非真心美味，孤傲的纽约客们怎会趋之若鹜。

鲜虾牛油果可丽饼
抹茶巧克力可丽饼
热带水果总动员可丽饼

Nyonya

Grand St

北

金丰酒楼

East Broadway

Thai Son

Fulton St

中国城

NYONYA

商　家　信　息

地　　址：纽约格兰街199号（199 Grand St., NY 10013）
交　　通：乘坐地铁6号线到坚尼街（Canal St.）站，步行5分钟
营业时间：11:00～23:00（周日至周四），11:30～24:00（周五至周六）
人均消费：20～120RMB

风靡纽约的娘惹菜

纽约的马来西亚人虽不多，但马来菜却在这里占有一席之地。或许美国人对于马来西亚菜、泰国菜、印度菜、中国菜有些混淆不清，但他们都会有一个共同的感觉：马来西亚菜很好吃！马来西亚是一个多种族混合的国度。马来人、中国人、印度人带去了不同的美食文化，加之毗邻的泰国佳肴的影响，使得马来西亚菜兼具各方特色。辛辣咖喱、清香椰汁、咸鲜虾酱，在酸甜苦辣中都可找寻独到的滋味。美国人之所以对马来西亚菜接受程度较高，或许在本质上是因为两国均推崇"融合"

的理念。如果你喜欢Fusion（混搭料理）菜系，就很容易爱上马来西亚美食。

在小意大利区有一家颇受欢迎的马来西亚餐厅Nyonya（良椰），纽约几乎所有的知名美食媒体都曾报道过这家餐厅。推开餐厅大门，左边的墙壁上就挂满了各家主流媒体的高分评价和食客的溢美之词，火爆程度可见一斑。餐厅的老板、主厨、经理、大多数的服务员都来自马来西亚，粤语是餐厅的"官方"语言。

走到餐厅的尽头就可以看到一幅有趣的壁画，画中描绘着槟城大排档的热闹场景，一摊一味的夜市风情别有一番味道。虽然纽约不太可能开辟户外夜间排档让人们坐在马路上大快朵颐，但良椰餐厅却将咖喱面、沙爹肉串、炒粿条等街头美食搬入餐厅，让人们在小意大利区内也能享受地道的马来风味。

良椰餐厅的特色菜是将中国传统烹饪技艺与马来香料完美结合——酸甜香辣兼具的娘惹菜。提到娘惹菜，就会一并提到必不可少的酱料马拉盏，又叫峇拉煎。它的做法与味道都与虾膏类似，将虾肉加入大量的细盐腌制、晒干、发酵，去除多余的水分，再碾磨成味道浓郁犹如砖块般的虾膏砖，这就是马拉盏的原料了。而良椰餐厅专门从马来西亚进口最地道的马拉盏原膏来制作美味的娘惹菜。

原膏又腥又咸，不能直接入菜，所以要再与辣椒混合在一起，加入其他佐料一起入油爆香。这样的马拉盏将虾酱的咸香与辣椒的辛辣融为一体，特别适合于炒制蔬菜，如多种蔬菜混合的"马来风光"、马来盏羊豆角虾、马来盏茄子虾等。乍一瞧那碎小的马拉盏还以为是肉末，吃到嘴里才感觉到干虾的鲜香，就连素面朝天的清淡蔬菜加入了重口味的马拉盏后也瞬间变得狂野起来。虽算不上太辣倒也十分下饭，而此时蔬菜上卧着的几颗大虾更像是买一送一的意外收获，吃得让人开怀。

而这里点击率最高的是一种叫作Roti Canai的印度面包，几乎是每桌必点的头盘。Roti Canai是一种又

脆又薄的圆形的煎饼，它可是马来西亚嘛嘛档（Gerai Mamak，指马来西亚淡米尔裔穆斯林经营的饮食摊）的一种非常受欢迎的街头美食。而这里的Roti Canai并非静静地躺在盘中，而是扭转着妖娆的身姿，展示出其蓬松的质感，傲然屹立于盘中。这道Roti Canai外皮层次丰富又酥香无比，一定要趁热蘸着配送的咖喱土豆酱一起吃。一半浸透于咖喱香气中软绵入味，一半暴露于空气中脆薄干爽，两种滋味一起入口，那才能真正体会到Roti Canai的美味真谛。

槟城大排档自然少不了面条，其中最有名的要数马来虾面。这种面是将虾头、虾壳与叻沙酱一起煮成浓郁的汤头，汤汁鲜甜香辣，再加入爽滑的鸡蛋面、叉烧肉、豆芽、虾肉等。这样一碗充满南洋风味的虾面足以让你食指大动。这里的海南鸡饭也不错，将鸡肉加料入沸水煮45分钟，再过冷水，入冰箱冰镇至鸡皮紧实而爽滑，吃的时候蘸着他家自制的辣酱和酱油。而米饭则是用煮过鸡肉的高汤与鸡油一起焖煮而成，米粒中散发着鸡肉的香气。海南鸡一定要搭配鸡油饭才会好吃，一大碗米饭不知不觉地就下肚了。

印度面包
马来虾面
马拉风光
马拉盏空心菜

THAI SON

地　　址：纽约巴克斯街89号（89 Baxter St., NY 10013）
交　　通：乘坐地铁6号线到坚尼街站，步行5分钟；
　　　　　或乘坐地铁N、R号线到坚尼街站，步行2分钟
营业时间：10:30～22:30
人均消费：30～100RMB

清清爽爽的火车头牛肉粉

在纽约，中国餐厅和越南餐厅就好像并蒂莲一般，总会紧挨着相继出现。在洛杉矶、纽约中国城都不难发现越南餐厅的踪影。而越南餐厅也同大多数中餐馆一样，都是走平价又实惠的大众路线。简陋的店面，低廉的价格，惊人的分量，难忘的好味——这些恐怕就是食客对于纽约越南菜的总体印象了。

越南菜在纽约的亚洲料理中被视为"难登大雅之堂"，却最为平实而百吃不厌。这里虽不是约会的绝佳地点，但却是大快朵颐的好地方。二三十美元足以让人吃得舒坦又开心。

越南菜进入美国并没有太久的历史。大约在越战初期，美国人才开始关注到这个遥远而陌生的异域。1961年，《纽约时报》首次对曼哈顿上城一家新开的越南餐厅写了几句食评："说到餐厅，纽约被认为是国际美食节。最新进入纽约东方料理食堂的是越南菜，位于122街的这家越南餐厅很小，空调很差，不起眼的小餐厅提供便宜却十分有趣

的菜肴。据说这是全美唯一的一家越南餐厅。"

半个世纪后，这家餐厅早已不在，但越南菜却在纽约越来越受欢迎。现在，纽约有超过50家越南餐馆，那清爽的牛肉粉和嚼劲十足的西贡面包已然成了越南菜的代名词。

曼哈顿的中国城有好几家越南餐厅，我常常光顾的是一家叫Thai Son（泰山）的越南小馆。这里最出名的就是犹如小脸盆一般大小的"火车头"特别牛肉粉。几乎餐厅的每位

客人都在埋头奋力嗦食着又细又长、润白如雪的粉条。越南人称这种米粉为"Pho"，和中国湖南、江西的圆米粉不同，它是扁平状，有点类似广东的河粉或闽南地区的粿条。之所以称为"火车头"牛肉粉，据说是因为很久以前，在越南的一个火车站，有一个专卖牛肉粉的小贩，由于他的牛肉粉特别美味，经常引得人们从火车头一直排队到火车尾，故此得名。后来，"火车头"便成了越南牛肉粉美味

的象征。

Thai Son的火车头特别牛肉粉，不仅特别在碗大分量足，它清亮鲜美的汤头也是亮点之一。用牛骨长时间文火熬制的高汤底做汤头，加入了冰糖、洋葱、各种香料等，使得汤头喝起来有些许甘甜，鲜味又提升了一层。虽然是牛骨熬制，但汤头并不像韩式牛骨汤呈现奶白色，汤色清澈却不单薄，味道含蓄却不乏味。

将切得薄薄的生牛肉片在上桌之前放入热汤之中，待端

到客人面前时，肉片仍然是粉红的肉色。吃的时候，将牛肉薄片浸入肉汤之内焖熟，再放入几片附送的新鲜薄荷叶，挤入几滴鲜青柠汁，撒上一把生豆芽菜，齐齐倒入牛肉汤中，伴着滑爽劲道的米粉一起吃，味道才是清爽。第一次吃，或许会觉得没有半点油腥，太过清淡，但只要你吃过一次，就会被这种"清水出芙蓉"般的牛肉粉所着迷。没有浓油赤酱的牛肉粉居然也能这么好吃！如果觉得瘦牛肉片口感过于单调，还可以选择牛肉丸、牛筋、牛腩、牛肉混合的牛肉米粉，也非常不错。

除了牛肉粉外，Thai Son还有很多用米粉制作的美食。如包裹着米粉丝的Summer Roll（鲜虾卷），用薄如蝉翼的透明粉皮包裹着细细的粉丝、汆烫过的大虾、韭菜段、新鲜薄荷叶等。吃的时候蘸着用花生酱、柠檬汁、蒜蓉酱等调制的酸甜酱汁，口感非常清新，最适合夏天食用了。所以，它的英文名字不叫"虾卷"而叫

"夏卷"，这可是Thai Son最受欢迎的前菜了。

这里还有一种用米粉与烤肉相结合的越南美食，叫Bánh hỏi（烤肉滨海）。滨海实际上是用越南细细的檬粉压成一小块方形的粉饼。一道正宗的烤肉滨海会有五种食材陪伴，一盘烤得喷香的肉片、一盘生菜、一盘滨海、一盘越南泡菜，还有一小碟混合了青柠汁、辣椒、蒜蓉、醋、糖等调制而成的橘色半透明的甜酸酱汁。吃的时候用生菜叶依次包裹着粉饼滨海、烤肉片、泡菜，最后淋上些许酱汁，一首欢愉的美味交响乐顿时在舌尖奏起，好吃得让人惊讶。尤其是那烤肉，绝对不逊于韩式烤肉。越式烤肉是用柠檬香草、蒜蓉、鱼露、香菜、洋葱等将猪腿肉腌制入味，再用炭火将其烤制得外焦里嫩，混合了多种香料的肉排带着浓浓的焦香，甜甜的烤肉配上酸甜的泡萝卜丝、生菜等，清新爽口又开胃，吃再多都不觉得腻。而且，这里的菜式都超平价，大口吃肉、大碗喝酒也不会让荷包大失血。

美食推荐

火车头特别牛肉粉

虾卷

烤肉滨海

鲜虾沙拉

金丰酒楼

商家信息

地　　址：纽约伊丽莎白街20号（20 Elizabeth St., NY 10013）
交　　通：乘坐地铁B、D号线到格兰街站，步行5分钟
营业时间：10:00～22:00（周一至周五），09:30～22:00（周六至周日）
人均消费：20～150RMB

品味传统港式早茶

在纽约，类似Tapas（西班牙餐前小吃）的中式早茶点心备受人们的喜爱。每到周末，中国城几乎所有的粤式酒楼都会有来自世界各地的客人排队等候饮茶，热闹的景象让人们深深怀疑自己是不是身在广州。

在曼哈顿的中国城，有不少粤式餐厅都提供港式早茶。而规模最大、历史最久、早茶生意最为火爆的要数金丰酒楼。1978年，金丰在伊丽莎白街24号开业，拥有150个座位的金丰成为当时纽约最大的一间中餐厅。经过几次扩建，如今的金丰拥有800个座位，占地2万平方尺（约2222平方米）。如此规模的中餐厅在美国可不多见。

金丰以中国人喜欢的大红色为主色调，象征美好寓意的龙凤呈祥金色图案挂在大厅舞台幕帘上。餐厅

保持着非常传统的"中国风"，让人不禁想起李安多年前拍摄的电影《喜宴》。

周末的早晨，人们会携家带口来到餐厅享用早茶。这里让远离故土的人们找到了家的感觉。阿妈们推着摆得高高的竹蒸笼的小车四处叫卖，各种香港街头小吃如萝卜糕、煎肠粉，还有餐厅版大排档的烫青菜、碗仔翅、萝卜牛腩、药膳鸡脚等传统美食应有尽有。就算从未去过香港的人，也能在金丰感受一番香港味道！

金丰的早茶品种非常丰富，有上百种不同点心，其中最为出名就是招牌榴梿酥。据点心主厨阮师傅说，金丰的千层榴梿酥是限量售卖的，每日只供应200个左右。这里的榴梿酥采用新鲜的泰国金枕榴梿

为原料。将榴梿肉捣碎做馅料，馅心软滑香甜，榴梿的香气浓郁。而制作的关键则在于酥皮，要经过长时间培训的师傅才可以做出层次分明又不破裂，而且异常酥松的外皮。香酥可口的外皮配上细腻又绵密的榴梿内馅，让不吃榴梿的人都会"榴梿"忘返。

来这里饮茶，还可以试试他们的潮州粉果。金丰有全素、虾肉、猪肉等不同馅料的粉果，而且还可以变化出小兔子、小刺猬等可爱的造型。除了早茶外，结合了纽约特色的新派粤菜也很受欢迎。金丰每天都会供应新鲜烤制的烧腊、烤鸭。这里的烤鸭吃起来外皮酥脆，肉质鲜嫩入味，肥而不腻。

金丰几乎每个周末都会

举办中式婚礼。虽然移居海外，但中国人的传统习俗却并未因地域而改变。爱家、恋家的华人在一片热热闹闹的锣鼓声中缔结出一段段红红火火的异国情缘。

美食推荐

早茶点心（榴梿酥、肠粉、粉果、烧卖）

烧腊

广式烧鸭

联合广场

Trade Joe's

北

Max Brenner

I Av

Astor Pl

ChiKalicious Dessert bar

Cuba

Bleecker St

Spot Dessert Bar

Luke's Lobster

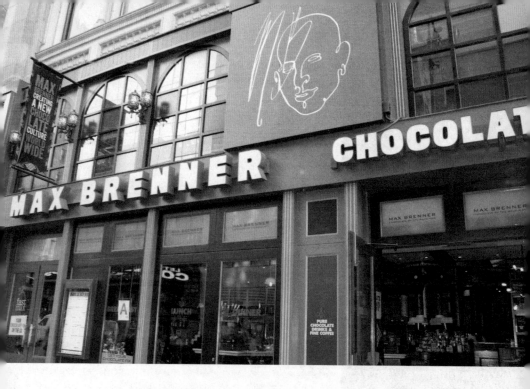

MAX BRENNER

商 家 信 息

地　　址：纽约百老汇街841号（841 Broadway, NY 10003）

交　　通：乘坐4、5、6、L号线到14街（14th St.）站，步行4分钟

营业时间：09:00～24:00（周日至周四），09:00～次日02:00（周五至周六）

人均消费：70～180RMB

浓情巧克力世界

在宾夕法尼亚州首府哈里斯堡附近有一个著名的Hershey Park（赫氏巧克力主题公园），每年都有很多游客特地去公园游玩，特别是小朋友们完全沉浸于巧克力世界中无法自拔。其实无需长途跋涉到宾州那么麻烦，在曼哈顿联合广场附近就有一家名为Max Brenner的巧克力吧。

Max Brenner巧克力吧的标志是一个可爱的光头佬，它由两位以色列人Max Fichtman和Oded Brenner所创立，总部设在以色列。走入Max Brenner巧克力吧就仿佛来到了偌大的巧克力王国，粗大的巧克力运输管道蜿蜒曲折地盘旋于屋顶。两台巧克力搅拌器24小时恒温不断地融化黑、白两种巧克力直至成为丝般柔滑的浓酱，然后运送到真正的巧克力工厂。

在餐厅内，每一处装饰都与巧克力有关，墙上的装饰架上摆放着各种巧克力豆，而

这里也有正儿八经的"吧台"，只是这里的"喝一杯"指的是喝一杯香醇浓郁的热巧克力。而餐厅门口更有一个开放式的礼品店，店里各种色彩缤纷、造型各异的巧克力礼物让人眼花缭乱，忍不住要买一些带回家。

Max Brenner巧克力吧并不是严格意义上的甜品店，各种美式主菜价格适中，味道也不错。如酥脆华夫饼包裹着薄薄的烤火鸡肉、火腿肉、意大利咸肉和酸黄瓜，再夹入融化成丝状的普罗卧干酪芝士，配上一些方格形的炸薯条和沙拉，一顿丰富而满足的正餐仅15.29美元（约92RMB）。

而这里的巧克力餐点更是充满了创意。从鸡尾酒开始，就有七种以巧克力为主料的有趣调酒。为大家推荐一款巧克力马提尼，这种酒是将牛奶巧克力与白巧克力混合，再加入醇厚的奶油与香草，喝起来有点像巧克力奶昔却又有些淡淡的伏特加酒香，上面以一

只裹有巧克力脆皮的草莓作为装饰，好喝又悦目。

Max Brenner巧克力吧为客人提供了一本专门的巧克力甜点菜单，上面有几十种不同的巧克力甜品和饮品的选择，每一种都让人有尝试的冲动。它家最有名的饮品是"Hug Mug"热巧克力。纽约的冬日寒冷无比，热巧克力不仅可以暖心，也可以作为暖手之用，人们常常将双手捂住杯子，借助热巧克力的温度让全身都暖和起来。Max Brenner就设计了一款名为"拥抱杯子"的流线型马克杯，人们可以更加容易感受到热巧克力的暖意。而这款热巧克力与别家不同，是Cappuccino of Chocolate（卡布奇诺巧克力奶），采用的是不同地方的巧克力豆磨成的巧克力粉，再加入了咖啡粉融合其中，香滑的巧克力奶透着一丝丝清苦，醇香而不会甜腻。由于杯子的形状特殊，客人需要双手抱住杯子，让巧克力的香气与温度润湿客人的鼻尖，一种甜蜜的温暖让人感觉无比幸福。

除了热巧克力，这里还有巧克力冰沙、巧克力华夫饼、巧克力可丽饼、巧克力提拉米苏。很多客人专程来此就是想试吃巧克力火锅。小铁炉中炖煮着一锅熬得香浓稠滑的巧克力，再将铁签串着新鲜的水果、柔软的蛋糕，让丝滑的巧克力酱为他们披上外衣。望着窗外的雪景，享受着如童话般的巧克力世界，美妙之感不言而喻！

美食推荐

巧克力火锅Fondue
Hug Mug热巧克力
巧克力马提尼
巧克力提拉米苏

TRADE JOE'S

地　　址：纽约14街东142号（142 E 14th St.，NY 10003）

交　　通：乘坐地铁4、5、6、L号线到联合广场（Union Sq.）站，步行3分钟

营业时间：08:00～22:00

人均消费：15～60RMB

纽约低价健康食品超市

纽约人非常讲求健康生活，慢跑、健身、有机食品都是大热门。"绿色食物""环保概念"……只要出现这几个关键词，在纽约必定大火。但"绿色食物"往往也意味着需要更多的"绿色"钞票去支付。不断上涨的房租和激烈的竞争环境让漂在纽约的人们压力巨大。对于学生或刚刚工作的年轻人而言，他们无法承担高价的健康食物。来自美国西岸的连锁杂货食品店Trader Joe's就将平价健康饮食的概念引进纽约，因此受到了年轻人的狂热追捧。

Trader Joe's精选来自世界各地的优质食品，并直接从制造商那里购进商品，冠以自己的品牌，从而减少了中间环节，降低了商品的成本。这里有来自加拿大农场的蔓越莓干、泰国的芒果干、意大利的咖啡、比利时的巧克力、墨西哥的玉米片、日本的糯米糍冰淇淋等美味。Trader Joe's自称是一个宣扬健康概念的杂

货店，除了食品、生活用品外，这里还卖鲜花，甚至有自己单独的酒庄。Trader Joe's有来自世界各地的美酒，特别是加州的红酒，而且这些酒的价格不高，品质也都很不错。

Trader Joe's的食品不仅健康而且美味。这里有非常多好吃的零食，价格便宜到让你跌破眼镜。颗粒饱满又大粒的核桃、杏仁、开心果、榛子等一包才不过4、5美元。硕大又香甜的加州提子干仅2美元一包，相对于其他超市的价格，这里的商品绝对是物美价廉。

在纽约，Trader Joe's拥有众多铁杆粉丝，他们几乎所有的生活用品都从这里购得。早餐的可颂面包、燕麦片，中餐的蔬菜水果沙拉，晚餐的冰冻比萨或速冻炒饭、海鲜汤等。就连饭后甜点，这里也有几十种不同的选择，从提拉米苏、芝士蛋糕到焦糖布丁、马卡龙、意式冰淇淋，简直多

到让人眼花缭乱，无处下手。这里纯天然的护肤、美容品也深受客人的喜欢。

甚至有很多纽约客不禁惊呼："没有了Trader Joe's，我不知道在纽约怎么生活！"的确，Trader Joe's让人们的生活更加便捷，同时它也倡导平价的健康生活方式。Trader Joe's提供两种购物袋——塑料袋和纸袋，但大部分的顾客都会自觉地选择环保纸袋，这也许就是Trader Joe's所追求的人人都能均享的绿色生活。

美 食 推 荐

有机干果

果脯

酸奶

巧克力

红酒

LUKE'S LOBSTER

商 家 信 息

地　　址：纽约东村7街东93号（93 E 7th St., NY 10009, East Village）
交　　通：乘坐地铁6号线到阿斯特城（Astor Pl.）站，步行7分钟
营业时间：11:00～22:00（周日至周四），11:00～23:00（周六至周日）
人均消费：70～200RMB

纽约最鲜美的龙虾卷

来纽约一定要试试 Lobster Roll（龙虾卷）。一贯被奉为高档食材的龙虾肉，在这里却走入街头小店，仅以平实的面包相伴，如热狗一般为普通百姓所享用。纽约有不少餐厅都售卖龙虾卷，但最为出名的要数龙虾卷专营店Luke's Lobster。

Luke's Lobster的龙虾肉全部来自于缅因州。缅因湾冰凉而纯净的海水，适当的温度与湿度为龙虾提供了最佳的栖息环境，使得这里的龙虾肉质紧实而甜美。Luke's Lobster从西村一家小小的龙虾卷小店，短短5年间就发展为拥有13家分店的连锁海鲜品牌，其最大的秘诀就在于"新鲜"。

Luke's Lobster的老板Luke是一位来自缅因州的年轻小伙，他毕业于著名的乔治城大学。原本在纽约投行有一份高薪工作的他厌倦了朝九晚五的呆板工作，向往自由创业的Luke决定将家族海产生意发展到纽约，让纽约客们吃到最为道地的缅因龙虾卷。Luke从700公里以外的位于缅因州Milbridge Port的自家龙虾池中打捞起鲜活龙虾，再送到龙虾加工厂宰杀烹煮，冷藏包装，以最快的速度运送到曼哈顿。由于节省了中间商的环节，使得Luke's Lobster的龙虾具有较强的市场竞争力。相

比纽约高档海鲜餐厅的龙虾卷，Luke's lobster的价格仅是它们的一半，而新鲜的口感却丝毫不比它们逊色。

Luke's Lobster将新鲜打捞起来的龙虾，按重量大小分堆，放入沸水中煮熟。为了确保每一块龙虾肉都产生最佳口感，他们将不同大小的龙虾分批煮制。不一会儿，张牙舞爪、活力十足的大龙虾就变得浑身通红，然后经熟练的厨师之手被快速地剥壳、取肉。Luke's Lobster仅选择肉质最为鲜嫩的前螯肉做龙虾卷，其余的部位则卖给其他餐厅。

这里的龙虾卷并没有复杂的调味，仅以少许的蛋黄酱、秘制混合香料拌之，端上桌前再淋上一些黄油增加色泽和香气。而面包则是最为普通的热狗卷，只是稍微加热烤制片刻，使得面包酥脆柔软一些。越是新鲜的食材，越无需过多的雕琢，龙虾自身最为原始的鲜甜本味才最能赢得食客的好感。

Luke's lobster的龙虾卷是其招牌餐点，仅西村一家

店每日就能出售200～400只龙虾卷。每只龙虾卷都严格按照1/4磅龙虾肉分装，难怪一口咬下去，满嘴都是嫩爽鲜甜的龙虾肉，实在是吃得过瘾。

Luke's lobster的菜牌非常简单，Lobster Roll（龙虾卷）15美元（约90RMB），Crab Roll（蟹肉卷）13美元（约78RMB），Shrimp Roll（虾卷）8美元（约48RMB）。如果你想一次尝到所有味道，也可以点"品味缅因州"特别餐：只要23美元（约138RMB），就可以尝到半只龙虾卷、半只蟹肉卷、半只虾卷、2只蟹螯棒、一瓶缅因风味的汽水，还有一小袋薯片。缅

因州不仅出产龙虾，也盛产蓝莓，建议大家可以试试蓝莓味道的汽水，非常好喝。还有一款Noah's Ark（诺亚方舟套餐），它与"品味缅因州"特别餐类似，只是分量更多一些，适合3～4人享用。除了龙虾卷外，他们家还有一些缅因特色海鲜汤、饮品等，让客人一如身临美丽的缅因州阿卡迪亚国家公园（Acadia National Park）。

龙虾卷
"品味缅因州"特别套餐

SPOT DESSERT BAR

地　　址：纽约圣马克斯城13号（13 St. Marks Pl., NY 10003）

交　　通：乘坐地铁6号线到阿斯特城站，步行5分钟

营业时间：12:00～24:00（周日至周三），12:00～次日01:00（周四至周六）

人均消费：30～60RMB

地下室里的绝妙创意甜点

纽约兼容并蓄的包容特性给了Fusion以滋长和繁盛的乐土。在这里，无论是厨师还是食客都对于打破了地域和国界、善于开拓创新的东西方融合菜式情有独钟。在潮人聚集的St. Marks Place就有一家超人气的Fusion甜点屋Spot Dessert Bar。

Spot Dessert Bar隐藏于一个地下室内，虽然店面非常狭小而且不太起眼，但门口永远都会簇拥着排队的人群，它就是如此"低调"地诠释着人气的涵义。

Spot Dessert Bar的老板和各任糕点师都来自泰国，他们将泰国红茶、椰子等泰式食材融于甜点中，但同时又广泛采用抹茶、柚子、荔枝、芝士等元素，所以很难定义Dessert Bar出品的是哪国甜品。法式甜点的艺术装盘、东方食材的巧妙融合，加之极富创意的构思让食客的眼睛与味蕾都经历了一番绝妙旅程。

这里的甜点从来都不会呆板地静坐盘中，而是像被赋予了生命一般活脱脱地演绎着自己的"甜蜜人生"。招牌甜点

Chocolate Green Tea Lava Cake（巧克力绿茶熔岩蛋糕）是这里的热卖甜点第一名。圆圆的抹茶冰淇淋球依着巧克力蛋糕，一层薄薄的抹茶粉撒在蛋糕表面，盘中还零星散落着些许胡桃碎，优雅而宁静。端上桌前暂时还看不出熔岩爆发时的狂躁，直到用勺子轻轻戳开巧克力蛋糕的那一刻，浓郁细腻的巧克力酱与顺滑清香的抹茶酱双色交织，一起缓缓流出。用勺子将双层熔浆与柔软的巧克力蛋糕、抹茶冰淇淋一同送入嘴中，"Oh My

God！"我的味蕾就在那一瞬间经历了冰火两重天的震撼洗礼，它们在我的舌尖演奏了一曲激情探戈。

这里的每道甜点都别具匠心，如果想尝试不同的招牌甜点，可以选择他们的3道或6道自选组合，价格比单点稍便宜一些。同样，以抹茶为元素的绿茶提拉米苏，将Mascarpone（马斯卡彭尼乳酪）的细腻与绿茶的清苦相搭配，再撒以白巧克力薄片，吃起来绵密细滑，口感上层层叠进，入口即化。

用泰式红茶做成的Thai Tea Creme Brulee（泰式红茶焦糖蛋糕），再以小杯特制泰式红茶相佐也十分有趣。服务员端上甜品时会有个小小的"表演"，盛在玻璃杯里的柔软芝士蛋糕就滑入了客人的盘中，不仅好吃而且还好玩。更有盆栽造型的蛋糕，客人可以自己用牛奶去慢慢"浇灌"，土壤中可是另有乾坤呢。旁边红苹果造型的芝士蛋糕更是可爱得让人不忍入口。Spot Dessert Bar的甜点就是创意无限，永远让人充满了惊喜。

巧克力绿茶熔岩蛋糕
绿茶提拉米苏
软芝士蛋糕

CUBA

商 家 信 息

地　　址：纽约格林威治村汤普森街222号
　　　　　（222 Thompson St., NY 10012, Greenwich Village）
交　　通：乘坐地铁A、B、C、D、E、F号线到4街西（West 4th St.）站，步行6分钟
营业时间：11:30～23:00（周日至周四），11:30～24:00（周五至周六）
人均消费：30～150RMB

热情似火的古巴餐厅

在纽约的格林威治村有一家颇受欢迎的古巴餐厅Cuba。每当夜幕降临时，这里就会聚集很多年轻人。餐厅内的灯光慢慢昏暗下来，桌上的小烛台摇曳着浪漫的灯火，现场乐队演奏着热情奔放的古巴乐曲，让人不自觉地想扭摆身姿，融入欢乐的氛围中。

如果你从未去过古巴，那么Cuba能让你用最短的时间、最愉悦的心情领略火辣的古巴风情。这里有来自古巴的手工卷制雪茄表演，用23年陈酿的高品质朗姆酒调

配的Mojito（莫吉托），还有让人吮指不绝的烧牛尾、海鲜饭、Ceviches（酸橙汁腌鱼、酸橙酱汁生鱼片或贝类肉）等。

出生于古巴的西班牙裔女孩Betty，十几年前来到美国，遇到了一生的挚爱，并与丈夫一同在纽约开起了这家古巴餐厅。她将自己童年的记忆、对家乡的无尽思念都投入到了这家餐厅中。儿时，祖母所做的家常菜肴最让她怀念，煮得喷香的黑豆熏肉汤，冒着滋滋油汁的

烤牛肉，无不味美无比。如今，她就将那质朴的味道带到这里，让纽约客们也一同体味地道的古巴风味。

爽朗的古巴人与朋友聚餐之时必要喝上几杯，所以来到Cuba，一定要试试这里的鸡尾酒。古巴除了著名的雪茄外，还有一大特产就是朗姆酒。Cuba餐厅使用产自古巴的高品级朗姆酒为基酒调制出招牌Mojito（莫吉托）和Martin（马提尼）。其中Mojito 23，是采用23年陈酿的Zacapa Rum（萨凯帕朗姆酒）为基酒，其酒香浓郁，口感顺滑甜润，再加入橙酒、青柠、薄荷

叶等，如一股夏日清风拂过喉头，舒爽惬意。如果更加偏爱果香的清甜，还可以试试Tropical Flavored Mojito（热带水果风味莫吉托），有椰子、芒果、菠萝、红莓等多种口味，非常适合女生饮用。

古巴菜肴口味较重，分量实在，多以炖煮、烧烤为主。吃起来也基本遵循了大口吃肉、大碗喝酒的豪放气息。其中有一道古巴炖牛尾是我最喜欢的菜肴。它用橄榄油、干白、各种香料慢火炖煮2个多小时，直到牛尾吸收了所有的汤汁，肉质细腻鲜嫩而且软烂入味。靠近牛骨头的部

位吃起来有些韧性，颇有嚼劲。再将牛尾汤浇在黑豆米饭之上，那滋味着实太好，免不了要吃个底朝天。

古巴因受到西班牙殖民统治的影响，在烹饪技艺上也深深地烙上了西班牙菜的印记。例如，Paellas（古巴海鲜炖饭）源于西班牙海鲜饭，两者却有所区别。正统的西班牙海鲜饭用的是口感较硬的短小圆米，我们吃起来会觉得有些像夹生米；而古巴海鲜炖饭则采用长米，煮得也较为软烂，更易为大众所接受。Cuba餐厅的海鲜炖饭则结合了古巴和西班牙两种风味，将米饭与食材分别烹制，再放入小铁锅中一同炖焖。色彩鲜艳、食材丰富的海鲜饭一看就让人食欲大开。分量较足，所以建议两人以上食用。

还有外皮焦脆而不油腻的古巴香煎五花肉、滑爽无比的古巴特色蛋奶布丁Flan都非常值得一试。这里最适合与好友聚会，可以无拘无束地尽情享受美食美酒。

Mojito(莫吉托)

Martin（马提尼）

古巴海鲜炖饭

烧牛尾

香煎五花肉

CHIKALICIOUS DESSERT BAR

商 家 信 息

地　　址：纽约10街东203号（203 E 10th St., NY 10003）

交　　通：乘坐地铁6号线到阿斯特城站，步行8分钟

营业时间：15:00～22:45（周四至周日）

人均消费：100～200RMB

星级甜点大餐

纽约有超过70家的米其林星级餐厅，高档餐厅更是不计其数。那些用几百美元换来的奢华盛宴往往都以一道惊艳的甜品作为结束。食客或许已经忘记了几个小时以前的头盘，却对那最后的甜蜜滋味回味良久。曾在著名餐厅Gramercy Tavern任糕点师的日裔厨师Chika就在东村开设了一家专门提供米其林星级体验的甜品屋ChikaLicious Dessert bar，在这里只要花上16美元（约96RMB）就能品味堪比顶级餐厅的Three Course dessert（三道式甜点套餐）。

仅有20个座位的Chika-Licious Dessert Bar由店主兼主厨Chika亲自为客人现场制作甜点。客人可以坐在吧台前，一边欣赏Chika和徒弟专心致志的制作各种精美甜点，一边享用犹如艺术品般美艳的甜品和美酒。

在这里，每一款甜品都如同米其林餐厅的主菜，有头盘和小点相配，是名副其实的

主厨甜点套餐。头盘的开胃甜点与结束时清口的小点心都是固定的，客人则可以自选主甜点，如招牌Fromage Blanc Island 芝士蛋糕，唯有这一款甜点是永远保留在餐牌之上。Chika曾经说她就是为了让客人品尝到她做的芝士蛋糕才开设了这家甜品屋。

一个硕大的白瓷阔口大碗中先加入不少碎冰，随后将一个圆形球状的白色软绵蛋糕由一个小圆托盘放入碎冰之上。之后厨师会在芝士蛋糕上淋上冰牛奶，如白色香槟塔一般缓缓流下，整个制作过程相当唯美。Chika用法国绵滑的白芝士为主原料，口感细腻而轻薄，舌尖如行走于云端。配上冰凉的低脂牛奶，滑顺而清凉，丝毫没有任何的甜腻之感。这款名为"芝士冰岛"的芝士蛋糕为Chika独创，其惊为天人的美味绝对让人入口难忘，回味良久。

其他的甜点则是Chika根据当日的食材、天气等"依时"而变。也就是说，即使每天去ChikaLicious Dessert bar，也会品尝到不同的味道。

喜欢芭蕾、音乐剧的Chika将甜点变成了一出浪漫歌剧，每一款甜点都化作爱情剧中的一个角色。清新的甜品如同情窦初开时的初恋，单纯而淡雅，浓味的甜点恰似成熟的情感，炽热而又多变。ChikaLicious往往以清爽开胃的冰沙作为序曲，转而进入自选主甜点的高潮，再以手工松露巧克力、饼干和棉花糖落幕（开胃甜点和结束点心也经常改变），每一个起承转合都是那样的跌宕起伏又顺理成章。而且，更妙的是，Chika还为每一款甜品选择了特定的美酒相配。如想全方位的体验一次米其林星级的甜品料理大餐，建议选择Wine Pairing（酒品搭配），需要多加8美元（约50RMB）。若在纽约停留的时间不长又想品味美味的甜点，那么ChikaLicious Dessert bar必不能错过，千万要让味觉永远封存那最美好的记忆。

Fromage Blanc Island芝士蛋糕
甜点套餐

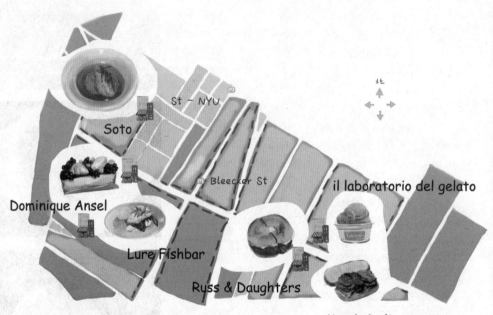

St – NYU

Soto

Bleecker St

il laboratorio del gelato

Dominique Ansel

Lure Fishbar

Ryss & Daughters

Katz's Delicatessen

北小意大利区

北

KATZ'S DELICATESSEN

商 家 信 息

地　　址：纽约东休斯顿街205号（205 E Houston St., NY 10002）

交　　通：乘坐地铁F号线到第二大道（2nd Ave）站，步行5分钟

营业时间：08:00～22:45（周一至周三），15:00～次日02:45（周四），
　　　　　周五从08:00开始营业，通宵至周日22:45结束

人均消费：100～200RMB

纽约超大五香熏牛肉三明治

创建于1888年，位于曼哈顿下东城的Katz's Delicatessen熟食店是一家有着126年历史的纽约地标式餐厅。这里的犹太美食已经根植于纽约，与这座城市的文化和历史融为一体。即使纽约有上百家类似的熟食店，但对于土生土长的纽约客而言，Katz's却是独一无二的，因为这里有全纽约最好吃的Pastrami（熏牛肉）。

Katz's Delicatessen每周要售卖大约10000磅Pastrami，5000磅Corned Beef（咸牛肉），2000磅Salami（意大利香肠）。每天都有无数来自世界各地的客人到店中"朝拜"，队伍时常都要从店内一直排到店外。

Katz's Delicatessen最为出名的就是经典犹太美食——五香熏牛肉。熏牛肉的制作工序非常繁复。先将牛肉用盐水浸泡，撒上香料、草药以木材烟熏入味，再将其炖煮、上炉清蒸，历经10多个小时的烹制才能完成。犹太人最早制作的熏牛肉只是为了在没有冰箱的情况下长时间地保存牛肉，没想到这样的制作方法竟带来了意想不到的美妙滋味。

Katz's的熏牛肉选用最鲜嫩的牛胸肉——特别是靠近牛肚脐的肥腴部位来制作，而剩下的部分则用来制作Corned Beef。熏牛肉和咸牛肉的制作方式比较相似，都需要用盐水先浸泡一段时间，但区别在于熏牛肉需要烟熏，而且盐水浸渍的时间要比咸牛肉短些。

Katz's的熏牛肉之所以特别好吃，其中的一个美味秘诀就是用各种香料为牛胸肉做一个全身按摩——将洋葱、大蒜、辣椒、香菜及其他几种特殊药材（这属于Katz's的最高机密）反复揉搓牛肉表

面，而这个过程大概要持续几个钟头。然后再将其移入烟熏室内，低温熏烤2~3天，使得木材的香气慢慢沁入牛肉中。而牛肉表面的香料在烟熏过程中会形成一层黑色的颗粒状脆皮。熏制结束后，牛肉还要经过炖煮，最后上炉蒸至软而不烂。经过千锤百炼的牛肉还要通过Katz's的老师傅认证合格后才会被端到柜台上。在客人面前，师傅们将牛肉小心翼翼地切成薄片，放在抹了芥末酱的面包之上。Katz's的熏牛肉肉质细腻而紧实，没有一点点肥膘，香气浓郁的牛肉片散发着一股浓浓的烟熏味道，吃起来让人回味无穷。此外，Katz's还会附送自制的酸黄瓜来调味。

除了招牌熏牛肉外，这里用咸牛肉所制作的Rueben三明治也非常受欢迎。融化的乳酪附着于层层叠叠的咸牛肉薄片之上，再夹杂着酸酸甜甜的俄式泡菜，这就是美味无比的纽约经典三明治。

而第一次来到Katz's的朋友还可以尝试这里的Three Meat Platter（三种肉类拼盘套餐）：熏牛肉、卤烤牛胸肉和咸牛肉的组合，可以体验三

种牛肉片的不同风味。

　　如今的Katz's Delicatessen仍然保持着百年前"复古"的就餐方式。先点餐，而后出门凭票结账。这里只收现金，也没有服务员。人们在进门时，会有一位店员向每位客人发放一张红色的小票，这将是最后出门结账时的唯一凭据。记住，这张小票千万不要扔掉，入口处清楚注明如果遗失了小票将罚款50美元（约300RMB）。客人领取小票之后，就可以到柜台点餐。餐厅

一边是超长的柜台，而另一边的墙壁上则挂满了名人来店中用餐的照片。

　　从娱乐明星到政商显要，100多年来这里聚集了太多的星光。美国甜心梅格·瑞恩的代表作《当哈利遇到莎利》（*When Harry Met Shally*）就曾在 Katz's Delicatessen取景过。餐厅还特意在当年梅格·瑞恩拍摄的座位上制作了一个指示牌，很多客人都希望坐在这个位子上重温那段经典。

Three Meat Platter套餐
Pastrami熏牛肉
Rueben三明治

RUSS & DAUGHTERS

地　　址：纽约东休斯顿街179号（179 E Houston St., NY 10002）

交　　通：乘坐地铁F号线到第二大道站，步行5分钟

营业时间：08:00～20:00（周一至周五）， 08:00～19:00（周六），
　　　　　08:00～17:30（周日）

人均消费：60～180RMB

纽约最棒的烟熏三文鱼贝果

说到纽约特色美食，Bagel（贝果）足以让纽约客们自豪地竖起拇指，大声地向世人宣称：Bagel是属于纽约的!

虽然Bagel并不是起源于纽约，但在这里却非常流行。纽约人可以放弃Pancake（薄饼），无视Omelette（蛋饼），却无法不爱Bagel。纽约所有的早点餐车、熟食小店都会售卖Bagel，这种朴实无华、弹牙又劲道的面包圈被誉为"纽约第一早点"。

Bagel用发酵面粉揉搓成圆形，中间留出一个小洞。据说最初的Bagel只是一个简单的圆形面包，后来为了便于远途携带而变成了中间空心的模样。Bagel的制作很特别，先将发酵好的面团在沸水中煮过之后再放入烤箱中烘焙，这样才使得面饼的口感扎实而又有韧性，外皮还能保持干爽酥脆。Bagel中一般加入奶油芝士、火腿、培根、鸡蛋等，如果想见识最为地道又有些小奢侈的吃法，那就一定要试试纽约特色的烟熏三文鱼Bagel。

临近曼哈顿东村，在东休斯敦街上有一家百年小食店Russ&Daughters，这里有纽约最棒的烟熏三文鱼Bagel。

1920年，来自德国的移民JoelRuss将欧佳德街（Orchard St.）的一间小食店搬到如今的地址，并起名为Russ National Appetizing Store。近一个世纪的风云变幻，Russ&Daughters依然矗立于东休斯顿街头，并由同一个家族进行经营。而这里也已经成为几代纽约人共同的美味记忆，爷爷会带着孙子前来，笑说当年的味道。

其实Russ&Daughters并不算一家传统意义上的Bagel店。它是一家提供小菜、前菜的小食铺。这里有十多种来自世界各地高品质的鱼子、鱼子酱、烟熏三文鱼、咸鱼、口味各异的奶油芝士、小菜、干果等各色小食。

他们家的烟熏三文鱼品质非常好，而且种类极多。丹麦三文鱼、挪威三文鱼、苏格兰三文鱼，每一种三文鱼的烟熏程度和肥腴的部位都不同。透明的橱窗内摆放着几十条颜色各异的烟熏三文鱼，如果你是一位三文鱼爱好者，这里种类繁多的三文鱼一定会让你大饱口福。

Russ&Daughters的烟熏三文鱼是将名贵木材以低温长时间熏制，烟熏的香味慢慢渗入鱼肉中。鱼肉既可以吸收木材的香气又不会被彻底熏熟，肉质依然软滑而有弹性。这里的Bagel三明治可以自选Bagel以及烟熏三文鱼片和奶油芝士的种类，也可以另加鱼子等材料。Russ&Daughters的Bagel要比街头普通的芝士Bagel昂贵许多，但绝对物有所值。

这里比较受欢迎的配搭是烟熏味道浓郁又不太咸的苏格兰烟熏三文鱼，加上山葵奶油芝士或香葱奶油芝士，软嫩咸香的烟熏三文鱼与富有嚼劲的Bagel，再加之香醇细腻的奶油芝士做润滑剂，三者完美地融合在一起，层次分明的独特口感让人们体味到纽约Bagel的"不平凡"。这里除了有著名的烟熏三文鱼Bagel外，还有很多冷盘、头盘的高档食材可供选择。

美食推荐

各种烟熏三文鱼
烟熏三文鱼Bagel

IL LABORATORIO DEL GELATO

地　　址： 纽约拉德落街188号（188 Ludlow St., NY 10002）

交　　通： 乘坐地铁F号线到第二大道站，步行7分钟

营业时间： 07:30～22:00（周一至周四），07:30～24:00（周五），
　　　　　　10:00～24:00（周六），10:00～22:00（周日）

人均消费： 20～35RMB（只收现金）

百变香滑意式冰淇淋

你 吃过威士忌、芥末又或辣椒味道的Gelato（意式冰淇淋）吗？在曼哈顿的下东城就有一家超级酷炫的意式冰淇淋店 Il Laboratorio Del Gelato。这里出品200多种不同味道的意式冰淇淋，整间店铺就如同一个化学实验室。人们可以透过巨大的玻璃窗看到工作人员手工制作各种意式冰淇淋。他们还与城中的大厨合作研发出多种意想不到的新口味。龙蒿粉辣椒、香草朗姆酒、意大利乳清芝士口味、波旁威士忌酒，五彩缤纷的颜色与出乎意料的配搭让食客惊喜连连。

Il Laboratorio Del Gelato曾经多次被评选为纽约最好吃的意式冰淇淋。店主Jon Snyder出生于冰淇淋世家，他从小就在祖父母的冰淇淋店长大，对于冰淇淋有着比同龄孩子更加深厚的感情。长大之后，这种冰淇淋情结依然挥之不去。

他曾辍学游历意大利，当他品尝到这种意大利人自豪地称之为"Gelato"的手工雪糕时，Jon Snyder就被其浓稠绵密的口感所吸引。意式冰淇淋比普通的美式冰淇淋口感更为扎实，水分更少，吃起来却入口即化。在探访了意大利众多冰淇淋店后，Jon决定将这种不可多得的美味介绍给酷爱冰淇淋的美国人。

意式冰淇淋除了在制作方式和口感上不同于普通的冰淇淋，其家庭化、纯手工的作坊模式也使得它比流水线上的冰淇淋多了几分鲜活的生命力。而Il Laboratorio Del Gelato正是赋予了每种意式冰淇淋以特殊的个性，让它们展现出与众不同的独特魅力。在Il Laboratorio Del Gelato品尝冰淇淋，一定会对每种味道都充满了好奇，因为那些听起来大胆又新奇的配搭好似有些哗众取宠，然而只有亲口尝试了才知道这里玩转的并不仅仅是噱头。

例如泰式辣椒黑巧克力冰淇淋，初入口时感受到的是黑巧克力的浓郁香滑，待意式冰淇淋在舌尖停留片刻，巧克力的柔滑与甜蜜慢慢褪去后，一种略带刺激的香辣口感竟在味尾慢慢显露出来，将食客的味觉体验推向高潮。

而喜欢酒香的朋友不妨试试这里的美式波旁威士忌口味。除了意式冰淇淋外，这里以新鲜水果为原料的果味冰沙也非常不错。所以说这里是实验室一点也不夸张，就连水果的品种也有详细的区分，而口感则是相当清爽纯正，吃起来还能感觉到水果的纤维感，非常接近水果本味。

美 食 推 荐

泰式辣椒黑巧克力
伯爵红茶味
黑芝麻味
葡萄冰沙
香梨冰沙

LURE FISHBAR

商 家 信 息

地　　址：纽约莫瑟街142号（142 Mercer St., NY 10012）

交　　通：乘坐地铁N、R号线到王子街（Prince St.）站，步行2分钟

营业时间：11:30～23:00（周一至周四），11:30～24:00（周五），
　　　　　10:00～24:00（周六），10:00～22:00（周日）

人均消费：200～300RMB

苏活区地下船坞独享"蚝"门盛宴

一望无际的大西洋就如同纽约的私家渔场，冰凉而纯净的海水孕育出各种海味珍馐，龙虾、生蚝、海鱼等源源不断地被送入曼哈顿的高档海鲜餐厅。这里的海鲜，从长岛等附近海域运送到厨房，第一时间被放入锅内，再端上餐桌供客人享用，有时这整个过程都不到一个小时。如果不是特意前往渔村，又怎能期盼到如此口福？而纽约的餐厅，则能将本地东海岸的海鲜，甚至西海岸、加拿大等地的海产品一并及时又新鲜送至客人面前，让人不禁叹服纽约美食的无所不能。

在纽约食海鲜有很多选择，我觉得最具纽约风味的还是简单又便宜的美式吃法。一盘碎冰之上卧着几颗肥硕的生蚝、鲜贝、蛤蜊及刚刚余烫过的略微粉白的鲜嫩龙虾肉等，挤上些许新鲜柠檬汁和Cocktail Sauce（一种用番茄酱、乌司特郡香醋、山葵酱调制的酸酸甜甜的蘸酱），又或

将还留有海味的清甜的生鲜直接吸入嘴中，那种清爽的口感是任何复杂的烹饪技艺都无法企及的。

在曼哈顿的苏活区就有一家以烹煮美式海鲜而著称的半地下室餐厅，名为Lure Fishbar。这家餐厅很有意思，它开在半地下室。一般而言，地下室总给人一种压抑、沉闷的感觉，但Lure Fishbar却如同一艘搁浅的豪华游轮，当人们走下楼梯进入餐厅后，就好似被带入了某个神秘的潜艇，一场奇幻的海底世界之旅即将启程。

苏活区被认为是纽约的艺术哨所，这里聚集着大量才华横溢又特立独行的年轻艺术家、思想家，他们将每一处陈旧甚至丑陋的景物透过另类的视角，打磨出完全不一样的景色，以至于苏活区的餐厅也绝对不可以乏善可陈，一定要有些可圈可点的特色才能在此立足。

Lure Fishbar的创办人

John McDonald本身就是一位苏活区的潮人。他成功地将一个地下室打造成为一个温馨而舒适的豪华游轮。餐厅的装饰仿造游轮的内含：圆形的船舱式窗户，棕色的木质墙壁和地板，闪耀着的导航指示灯，仿佛只要一声鸣笛，餐厅就会顺势起航。

Lure Fishbar最引以为豪的是他们采用纽约本土海鲜，来自长岛附近海域的新鲜海产是他们最重要的食材货源。来到Lure Fishbar，基本上所有客人都会点他们的Oyster Bar（生蚝系列），有东海岸的Blue Point, Beau Soleil, East Beach Blonde Oyster，还有西海岸的Kumamoto, Kushi, Fanny Bay Oyster等十几种不同形状、口感的生蚝供客人选择。根据每日进货的情况，还会有当日限时限量供应的特别生蚝，熟客一般都会在点餐之前特意询问一下当日生蚝的情况。

值得一提的是，Lure Fishbar提供长岛特产的Blue Point生蚝。并不是这种生蚝有多么美味，而是出了美国东海岸便再难尝到。这种生蚝主要产于长岛和康涅狄格州附近海域，扇形的壳较薄，肉质很细腻，润滑而多汁，味道偏清淡。而另外一种级别较高的Genuine Blue Point Oyster则相对而言质地肥厚许多，前味清爽细嫩，后味则伴有微咸海水的自然回甘之味，奇妙无比。

除了每桌必点的生蚝系列外，多种生鲜混合的豪华海鲜大拼盘也是非常不错的选择。拼盘中包括了硕大的缅因龙虾，肥美的长岛生蚝，大西洋的蓝蟹、雪蟹腿等美味，如果第一次与朋友来此就餐，点这么一盘海鲜总汇就再适合不过了，将整个大西洋都包揽其中，虾兵蟹将一次齐下肚。

这里的美食非常多元化，如果食客不喜欢生冷的美式拼盘，还有日式寿司吧，结合了亚洲"蒸""煮"等烹饪方式的海鲜料理，将东方的技艺与纽约本地海鲜相结合，有谁会不想试一试这样的"混血"佳肴呢？

美食推荐

煎鲈鱼
生蚝盘
经典龙虾卷
Suf&Turf牛排龙虾双吃

DOMINIQUE ANSEL

地　　址：纽约斯普林街189号（189 Spring St., NY 10012）

交　　通：乘坐地铁C、E号线到斯普林街站，步行2分钟

营业时间：08:00～19:00（周一至周六），09:00～19:00（周日）

人均消费：30～60RMB

一夜爆红的Cronut蛋糕店

纽约有数不尽的美味甜品店，但没有一家如Dominique Ansel般一夜爆红，从曼哈顿下城的一家宁静的烘焙房华丽变身为媒体的宠儿、食客竞相追逐的对象。Dominque与它制作的创意点心Cronut（可颂甜甜圈）一同堪称纽约的美食传奇。将可颂面包与甜甜圈相结合，就是这样的神来之笔，竟掀起了全球的可颂甜甜圈热潮。

很多人都认为可颂甜甜圈只是一个哗众取宠的新玩意，它的光芒只是昙花一现。但从开业到今天，如果你想买到一个热气腾腾的可颂甜甜圈，还是需要早晨5点就到门前排队，而且8点之前就会全部售罄。Dominique Ansel的其他创意甜品也不是随时就能买到，限时限量的销售模式让人们更觉得它不可多得。

Dominique Ansel小店安静坐落于街角一隅，黄色的招牌，明晃晃的玻璃大门，没有媒体渲染的光环，它倒是回归到原本就很浪漫的街角咖啡屋。长条形的店面，一边是玻璃柜台，里面排放着各种精致如工艺品般的小点心，而另一面则有一条靠墙的吧台座位。店面简洁、明亮，又很干净，没有过多的装饰，感觉非常舒服。每到夏天，Dominique Ansel蛋糕房就会开放户外花园，人们可以在花园里的太阳伞下一边喝着咖啡，吃着小点心，一边享受着花香雨露。

　　在这里，客人们还可以透过开放式的厨房，看到烘焙师们亲手制作蛋糕的过程，如此透明化的操作也能让人吃得放心。即使没有可颂甜甜圈的加持，Dominique Ansel的甜点本身也非常精致。可爱的迷你巧克力蛋糕和棉花糖芝士蛋糕，松软的芝士蛋糕，婉约的苹果塔等都让人爱不释口。

可颂甜甜圈

可颂面包

芝士蛋糕

SOTO

商家信息

地　　址：纽约第六大道357号（357 6th Ave, NY 10014）

交　　通：乘坐地铁1号线到克里斯托弗-谢里登广场
　　　　　　（Christopher Street-Sheridan Sq.）站，步行6分钟

营业时间：18:00～23:00（周一至周六），周日休息

人均消费：800～1000RMB（10道以上的精选菜单）

美艳绝伦的精致海胆盛宴

很多在美生活的日本人都要特意来纽约吃日料，据说这里是唯一能与日本本土媲美的日料之都，而且价格比日本还便宜。位于西村（West Village）的米其林二星日式料理店Soto就是一家遇到就不该错过的极致美味日料店。它没有Masa（人均消费600美元以上）的高不可攀，也没有Sushi Yasuda的商务化，Soto就静静地偏居于西村的陋巷中，被周围的平价杂货店、拉面馆所包围。如果不是特意寻找，没有任何招牌的Soto很容易就被忽略。

Soto如同很多高档传统的日料餐厅一样，以简朴含蓄的雅致风格著称。木质桌椅和寿司吧台，纯白色几乎没有任何装饰的墙壁，温和而静谧的橘色灯光不张扬也不冷酷。其实Soto并不是以寿司见长，而是制作绝美的海胆宴席。谁说只有在日本才能吃到最美味的海胆，那是你没有来过Soto。

Soto的主厨Sotohiro Kosug是一位挑剔到偏执的厨师，因为他的坏脾气得罪了不少纽约客人和美国媒体，但

依然没有影响到他在纽约美食界的地位。他曾经因为美国客人无法欣赏Toro（吞拿鱼的腹部）的肥美，而激动到拿着菜刀就冲出了厨房，与客人理论，在纽约引起了轩然大波，各大主流媒体都报道了他的"疯狂"行径。

也许正是Sotohiro的执着，才成就了Soto的如花美宴。那晶莹剔透的玻璃小碗中装着颗粒饱满的橘黄色日本海胆，客人可以如喝鸡尾酒般一饮而尽，鲜甜之气直袭喉咙。

海胆本是生长于海底暗潮中的带有尖刺的一种无脊椎动物，长相颇为丑陋。但就是这样的小怪物却在主厨的精心料理下，其柔软润滑、通透闪亮的橘色肉体以最为妖艳的姿态展现于盘中，如一幅幅美不胜收的海底奇观。

其中有一道海胆龙虾塔，以五片薄薄、大小一致的藕片将新鲜的龙虾肉和海胆包裹起来。最下层是清蒸龙虾肉，上面铺上软绵的海胆，再以加入了松茸油的鲜虾肉覆盖其上，最后点缀以璀璨剔透的鲑鱼籽。如此强大的食材阵容组合，加上极富巧思的设计，让食客犹如在品尝一件艺术品。

这里几乎每道海胆菜式都让人惊喜连连，以细海苔丝包裹着柔软的生鹌鹑蛋黄，下面望去便是满满的鲜黄海胆，造型可爱又逼真的鸟巢让人都有点不忍下口。当生鹌鹑蛋黄与海胆一同吸入嘴中时，那一缕如海风般舒爽的气息让人有点飘飘欲仙。

厨师将海胆与鹌鹑蛋、龙虾、鱼子、雪蟹相搭配，细腻的烹调手法绝对不是高档食材的无聊堆砌。Sotohiro对于每一种食材的属性都了如指掌，将海胆馥郁清甜、轻滑冰凉的口感表现得淋漓尽致。

吃过一次之后，你就可以原谅Soto的简朴、主厨的坏脾气、荷包的大失血，因为这等美味让心中所有的不快都烟消云散。

海胆龙虾塔
海胆鸡尾酒
各种海胆料理

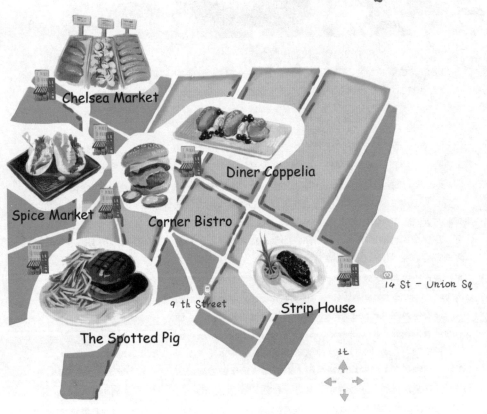

西村

Chelsea Market

Diner Coppelia

Spice Market

Corner Bistro

Strip House

14 St – Union Sq

9 th Street

The Spotted Pig

北

THE SPOTTED PIG

地　　址：纽约11街西314号（314 W 11th St., NY 10014）

交　　通：乘坐地铁1号线到克里斯托弗-谢里登广场站，步行12分钟

营业时间：11:00～次日02:00

人均消费：60～300RMB

英式米其林星级豪华汉堡店

The Spotted Pig是来自英国伯明翰的明星大厨April Bloomfield所开的英式汉堡店和Gastropub（提供高档美食的酒吧）。April Bloomfield是Iron Chef America（美国铁人主厨电视节目）历史上单场次得分最高的主厨，也是The James Beard Awards（杰姆斯比尔德奖）的最佳主厨得主。

April Bloomfield在纽约美食界被誉为"汉堡女王"，她的汉堡店The Spotted Pig一开张就吸引了众多食客，长期稳坐米其林一星宝座，被众多美食家评选为纽约不可不试的美味汉堡。

2004年2月，April Bloomfield与餐厅老板Ken Friedman在格林威治村（Greenwich Village）的街角开办了全纽约第一家英式Gastropub店The Spotted Pig。而餐厅的另外一个投资人则是美国著名的饶舌歌手Jay-Z。明星主厨的扎实厨艺加之Jay-Z的高人气，The Spotted Pig自然火爆得不像话。The Spotted Pig占据一栋连体别墅的两层楼，超过100个座位，两个吧台，即便这样每天晚上这里还是一座难求。由于不接受提前预订，客人通常都要等待40分钟到一个半小时不等，即使是大明星，也不例外地乖乖排队等座。

The Spotted Pig是非常典型的英式Gastropub（美食酒吧），各种装饰盘子、相框挂满了红色的墙壁。这里的室内设计出自餐厅老板、著名激浪派艺术家Ken Friedman之手，拥挤和热闹就是店家和客人所追求的氛围。

The Spotted Pig的食物属于酒吧美食，但却不是一般意义上便宜的下酒小菜。这里提供Bar Snacks（配酒小点）、Plates（配酒共享菜肴）、正餐、配菜、甜点等。

而正餐中最著名的莫过于Chargrilled burger（芝士汉堡），几乎所有来The

Spotted Pig的人都是冲着他家的芝士汉堡而来。面包使用的是松软又劲道的Brioche Bun（蛋糕面包）。一般的汉堡面包都是冰凉而疲沓的，而这里的面包却特意用烤炉烘烤过，留下了烤架的黑色格子印记，吃起来温热而干爽。

而The Spotted Pig的芝士汉堡最大的特点是夹入了味道较重的Roquefort Cheese（一种味道较重的蓝乳酪），这对亚洲食客而言是个不小的挑战。就如同人们对于榴梿或者臭豆腐的态度，喜欢的人爱不释口，而不喜欢的人则唯恐躲之不及。蓝乳酪浓郁的气味也并非是人人都可以接受的，但The Spotted Pig汉堡中的蓝乳酪味道还算温和，香浓却不刺激，如果能降低一些盐分，或许口感更好。

The Spotted Pig的另一个特色餐点就是与汉堡相配的鞋带薯条。平时我们常吃的都是肥厚绵软的粗薯条，而这种极其细小的薯条吃起来更加酥脆，口感比较类似于薯片。堆积如小山的鞋带薯条里面还加入了新鲜的迷迭香和香蒜，感

觉倒有点像中式的干煸土豆丝，是非常有趣的搭配。

因为是酒吧食物，这里并没有所谓的"大菜"，都是一些比较美式、英式的小菜。如鸡肝吐司就是一盘非常不错的下酒菜。鸡肝吃起来很细腻，完全没有腥味。先将鸡肝腌制入味，加入新鲜的欧芹叶和意大利白葡萄酒Maderia，然后再切碎。平铺于酥脆的吐司之上，撒上少许的Maldon海盐和橄榄油，微微带些甜味的鸡肝酱与吐司便完美地配搭在一起。

魔鬼蛋是一道非常普通的美式家常菜，几乎在任何节

日派对上都可以看到它的身影。The Spotted Pig的魔鬼蛋味道却大不一样，酸中带辣，感觉好像在吃一个形如蛋黄泥的酸黄瓜，味尾又带着些许的辣椒粉和芥末的刺激口感。绵密的蛋黄泥上不仅有新鲜的小葱碎，还有清晰可见的海盐颗粒，多重复杂的味觉感受在舌尖交替，让家常普通的魔鬼蛋真正地拥有神出鬼没般的神奇口感。

美 食 推 荐

经典芝士汉堡
鸡肝吐司

CORNER BISTRO

地　　址：纽约第四街西331号（331 W 4th St., NY 10014）

交　　通：乘坐地铁1、2、3号线到14街站，步行12分钟

营业时间：11:30～次日04:00（周一至周六），12:00～次日04:00（周日）

人均消费：60～120RMB

隐藏于街角的绝妙滋味

在美国，其实每个人心中都会有一个"汉堡包"情节。即使在纽约这样俊男美女汇集的大都市，人们时刻关注着自己的身材和容貌，竭尽所能不让"汉堡"这样卡路里过高却异常美味的"庞然大物"侵蚀薄弱的自觉性，但还是忍不住在沙拉相伴的日子里，对粉红肉饼的油香意淫一番。

纽约客对于自家的汉堡包还是充满信心的，除了本地大型连锁品牌Shake Shack外，被人们所津津乐道的汉堡店不下十家。有些汉堡店就如同中国胡同里的某家私房菜馆，熟客纷来沓至却鲜有曝光。老饕们希望将其保留为自己的私人厨房，生怕外人无端打扰而破坏了熟悉的氛围。

Corner Bistro就是一家坐落于格林威治村街角的百年汉堡小店，它也是格林威治村最后一家波西米亚风格的酒吧。在19世纪末到20世纪初期，格林威治村聚集着大量新锐艺术家、理想主义者，这里被称为"波西米亚"都城、"LGBT权利运动（支持男女同性恋、双性恋、变性人等社会边缘人群的运动）的摇篮"，各种反传统、反主流文化的思潮在这里萌芽、发酵，为战后美国现代思想奠定了基础。

而Corner Bistro正是附近艺术家、剧作家、社会学家常常聚会的地方，不足20平方米的小店见证了各种离经叛道的行为、文艺思潮的萌发，社

会改革理念的讨论。百年之后的Corner Bistro仍然保持着当年的装饰风格，木质靠背长椅、传统的吧台、已经斑驳的地板，唯一改变的恐怕只有一台供人们看球赛的液晶电视机。尽管生意非常火爆，但Corner Bistro却没有扩充店面，它永远都是附近居民最爱的邻家汉堡小店。

走进Corner Bistro就能感受到美国人随性的生活态度。在这里，人们着装随意，牛仔裤、T恤、球鞋，每个人都在大口吃着汉堡，谈笑风生，快乐自在。由于店面颇小，每张桌子都紧靠在一起，不熟悉的人好似也亲近起来。

Corner Bistro的菜单挂在墙上，其实也无须仔细查看，仅有四种汉堡选择：Bistro Burger（特别汉堡）、Chili Burger（辣味汉堡）、Cheeseburger（芝士汉堡）、Hamburger（无芝士的普通汉堡），除此之外还有为数不多的几种三明治和薯条。但来Corner Bistro的人自然都是冲着他们的汉堡而来。这里的汉堡都是放在一次性的塑料盘中，别看其貌不扬，味道可是没得说！

Corner Bistro的汉堡全是现点现煎，虽然上菜的速度比不上快餐店，但绝对热气腾腾，新鲜出炉。这里的汉堡包每个都是货真价实，夹着一块重达半斤的大肉饼，加上生菜、番茄等足有十厘米高。如果不拼命张开"血盆大口"，还真有些无处下嘴。

这里点击率最高的就是招牌Bistro Burger，一大块粉红色的厚实大肉饼，火候掌握得恰到好处，使得肉汁被深深锁住，而肉饼之上则铺有一层煎得酥脆焦香的培

根，一片随着热度欲将融化的American Cheese（美国芝士），几片翠绿的生菜叶，一片新鲜的西红柿，还有一些酸黄瓜和洋葱圈。如此一份分量十足的汉堡只要9.75美元（约60RMB），配上新鲜的炸薯条、啤酒或可乐也不到20美元（约120RMB）。难怪这里每日都是高朋满座，一座难求。

吃Bistro Burger的时候切记不要太斯文，先用手压一压汉堡，然后尽量张大嘴巴，一口狠命地咬下去，这时肉饼的汁水就会像水管受过挤压一般从汉堡中直接喷出

来，顺着嘴角一直流下去。

Bistro Burger是我吃过最鲜美多汁的汉堡肉饼，与培根肉的咸香干脆正好相得益彰。咀嚼之后，满嘴的油香、肉香萦绕舌尖，久久不散。他家的肉饼没有太多的调味，基本上就是牛肉的原味。餐桌上摆放着胡椒、盐、番茄酱、芥末酱等，如果客人觉得味道太淡，可以自行添加佐料。但我倒觉得浓味反而会掩盖真正的肉香，失去了品味汉堡包的乐趣。

如此豪迈地大口吃肉，当

然少不了要大碗喝酒。原来美国人也是喜欢以酒配肉，一大扎冰凉的黑啤，一碟刚刚出油锅的香脆薯条，几个朋友围着吧台看美式橄榄球，这大概就是最地道的美餐体验了。

招牌汉堡

STRIP HOUSE

商家信息

地　　址：纽约12街东13号（13 E 12th St., NY 10003）
交　　通：乘坐地铁4、5、6、L、N、R、Q号线到联合广场站，步行7分钟
营业时间：17:00～22:00（周日至周一），17:00～23:00（周二至周四），
　　　　　17:00～23:30（周五至周六）
人均消费：360～600RMB

香艳性感的纽约老牌顶级牛排馆

橘色灯罩下闪烁着若隐若现的摇曳灯光，酒红色的丝绒墙纸上挂满了性感的黑白老照片，反射着耀眼光亮的红色皮沙发散发着挑逗的暧昧气息，暗褐色的木纹装饰镶嵌着金色的吊顶，一股奢华又迷人的复古风情弥漫在Strip House中。初听这个略带诱惑性的名字，也许有些朋友可能会另作他想。其实Strip House是纽约大名鼎鼎的经典牛排馆，这里引以为傲的并非是身材火辣的脱衣舞娘，而是高品质的顶级牛排。

Strip House曾被著名的美食评级网站Zagat和Yelp评选为纽约十大牛排馆之一。Strip House隶属于美国著名的餐饮娱乐集团BR Guest Hospitality Group，旗下的牛排馆和海鲜餐厅几乎都保持着相似的美式复古风格。

Strip House最出名的是Porter House（上等腰肉牛排），几乎所有纽约的牛排馆都会主推上等腰肉牛排。在某种意义上，上等腰肉牛排就代表了纽约牛排，肥腴与细腻的口感兼而有之。Strip House

还特别推出了上等腰肉牛排两人套餐，42盎司的Dry Aged经典腰肉排，两人分享，每人48美元（约290RMB）。牛排的选择完全取决于个人的口味，有人喜欢精瘦、鲜嫩的菲力牛排，8盎司的菲力牛排售价是44美元（约270RMB）；而有人则偏爱比较肥腴和爽滑的纽约客牛排，但这个部位的肉质比较粗，油花的分布也不太均匀，价格就稍低一些，16盎司的牛排49美元（约300RMB）。Strip House的牛排使用的是高品级的Dry-aged Beef（干式熟成牛肉），只有经过自然风干熟成，牛肉的肉汁才会更容易被锁住，肉质吃起来才更加鲜美，有韧性。

除了上好的牛排外，Strip House的前菜也是可圈可点的。Lobster Bisque（龙虾奶油浓汤）将新鲜的缅因州大龙虾肉加入黄油、白兰地、白酒和各种香料一起炖煮成乳白色的浓汤，将其盛装于晶莹剔透的磨砂玻璃小杯中，看上去非常精致。而龙虾汤喝起来更是鲜香顺滑，满满的真材实料

全都汇集到这一杯浓缩的汤汁中。无奈浓汤的分量实在太少，也只能舔舔嘴角残留的汤渍以作回味。

土豆泥是牛排馆常见的配菜，而Strip House的土豆泥做得也非常用心。这里的土豆泥以鹅油相伴，再铺上厚厚的芝士碎，入烤箱焗烤。芝士融化成绵软细丝覆盖于细腻的土豆泥之上，而鹅油的香气即使掩藏在最深处，一旦被叉子轻轻触动，就如火山爆发一般，那一股令人垂涎欲滴的香气便会倾盘而出。

除此之外，Strip House家的松露奶油菠菜奶香十分浓郁，而且菠菜绵软到入口即化。如果在吃完牛排、配菜后仍然意犹未尽，那么一定要试试他家的招牌甜点——24层巧克力蛋糕。

Porter House牛排
龙虾奶油浓汤
鹅油土豆泥
松露奶油菠菜

DINER COPPELIA

商 家 信 息

地　　址：纽约14街西207号（207 W 14th St., NY 10011）

交　　通：乘坐地铁1、2、3号线到14街站，步行2分钟

营业时间：24小时营业

人均消费：40～120RMB

拉美风情小馆

说到美国的餐饮文化，Diner（餐车）是不能不提的，它就好比日式的居酒屋、韩国的大篷车、中国的小炒店，它是美国文化的一个重要标签，也是美国人的一种生活方式。还记得《破产姐妹》（*Broke Girls*）中两位主角工作的Diner吗？我们在各种美国的广告、电影、电视剧中都能看到它的身影。

Diner是"Dining Car"的简称，直译过来就是"餐车"。最早起源于1872年，一位名叫Walter Scott的年轻人在马车上向《普罗维登斯日报》的员工售卖食物，这就是餐车最早的雏形。后来人们将活动的马车做成了固定的餐车，拥有少量的座位和柜台让顾客可以遮风避雨。19世纪末，这样的小餐车在波士顿地区迅速流行起来。当大多数餐厅都在8点关门时，餐车成为人们唯一可以吃饭的地方，而且这里的食物便宜又快捷。

在大萧条时期，人们生活普遍穷困，无法承担昂贵的食物，餐车的平价美食受到了人们的喜爱。二战结束后，餐车的需求猛增，美国各地出现了大量餐车。虽然餐车有相似的装修风格，经营美式传统菜肴，营业时间长且价格便宜，但它与美式快餐店还是截然不同的。

餐车一般都是私人经营而非企业化的连锁店，而且虽然菜式大同小异，但每家餐车都有自己的特色，并非千篇一律。其实从餐车文化中就不难窥探到美国文化的多样性和包容性。这一点在纽约尤为突出，纽约是一个移民城市，这里的餐车也都是各种族的移民所开，除了传统的美式家常菜外，也融合了不少异国风味。

位于联合广场就有一家24小时营业的拉美风情餐车小馆Coppelia，这里几乎全年无休。Coppelia是纽约大名鼎鼎的墨西哥裔主厨Julian Medina旗下的拉美风情餐车。与普通美式餐车不同，这里除了传统的美式餐点如芝士通心粉、三明治、汉堡，早午餐的煎饼、华夫饼外，还有不少墨西哥、波多黎各、秘鲁等南美风味佳肴。客人可以享用拉美街头美食，如古巴三明治、南美柠檬腌海鲜、鱼肉玉米饼、牛尾肉馅卷饼等。

就连美国人最爱吃的传统美食芝士通心粉也加入了辣椒粉、炸酥的猪皮等南美元素，别具风味。这里的牛尾肉馅卷饼是用墨西哥人常吃的Plantain（大蕉）压成泥后再油炸而成。大蕉外形看上去像绿色的香蕉，吃起来的口感却像土豆，里面包着炖得软烂入味的牛尾肉，外面再撒上一些Cotiyacheese（墨西哥硬奶酪）和Pico de Gallo（墨西哥辣酱）。

而且这家餐车和别家还有点不一样，它设有一个吧台，为客人提供各种酒水，尤其是充满热带风情的鸡尾酒。来这里可以试试充满了薄荷与青柠香气的莫吉托，清爽无比。

纽约是一个不分白昼、不知疲倦的都市，正如《纽约，纽约》歌词所唱的那样，"我想在这里醒来，但纽约却从未沉睡过"。它的黑夜比白天更加繁忙、精彩，永远保持着新鲜感和活力度。Coppelia就为联合广场附近的年轻人提供了一个绝佳的用餐地点。凌晨3点，如果你想吃一块热气腾腾的早餐薄饼，服务员会马上端到餐桌；又或午餐时间想享用一顿南美海鲜大餐，他们也能为客人立刻奉上。几乎餐单上所有的食物，客人都可以24小时随意任点，真的有点像机器猫的奇妙口袋，随心所欲，想吃就吃！

美 食 推 荐

Huevo墨西哥早餐蛋饼
牛尾肉馅卷饼
墨西哥玉米脆饼
香蕉蛋糕

CHELSEA MARKET

地　　址：纽约第九大道75号（75 9th Ave, NY 10011）

交　　通：乘坐地铁A、C、E号线到14街站，步行3分钟

营业时间：07:00～21:00（周一至周六），08:00～20:00（周日）

人均消费：15～60RMB

纽约不可不逛的美食市场

Chelsea（雀儿西）是纽约艺术的代名词，这里的一切都弥漫着艺术的气息，就连这里的美食也有着与众不同的"态度"。虽然这里不如时代广场、第五大道的名气大，然而在我心中，Chelsea Market（雀儿西市场）与附近的空中高线公园更能表现纽约精神——创造性与活力。

以Chelsea Market为中心的美食、文化区域横跨两条大道（第九大道和第十大道），这里聚集着众多知名新媒体公司，如Food Network（著名美食频道），MLB.com（职棒联赛），EML（音乐制作公司），NY-1（纽约地方电视台），就连网络龙头公司Google（谷歌）纽约分公司也在广场正面。

Chelsea Market是一个集美食广场、精品小店为一体的室内集市。它是由著名的National Biscuit Company（全国饼干公司）旧工厂改建而成的，大名鼎鼎的奥利奥饼干就诞生于此。这里依然延续了食品工厂的粗放装饰风格，裸露的金属水管、斑驳的砖瓦墙壁，但人们感觉不到丝毫的简陋和破败。相反，大胆的创新设计将现代艺术融入历史的脉搏中，焕发出让人振奋的新鲜感。走在Chelsea Market中，耳边似乎还能依稀听到食品工厂机器的轰鸣声，旧时的饼干、罐头广告镶嵌于墙壁之上，带领每位客人走进时光隧道，回到20世纪人声鼎沸的辉煌时刻。

Chelsea Market有几十家小店，海鲜店、水果铺、香料市场、意大利超市、牛奶铺、冰淇淋店、面包坊、茶庄、酒庄等应有尽有，若要细细品味可以逛数小时都不觉疲倦。在这里既可以买到新鲜优质的食材，又可以随意钻进一家小店享受边走边吃的愉悦。Chelsea Market实在给吃货们太多的选择，品尝一口刚刚出炉的可颂面包，再转而去嗦一碗泰式炒粿条，最后以一

杯意大利特浓咖啡清醒五味杂陈的味蕾。在这里，就是可以如此娇纵任性地享受生活！

来到Chelsea Market，The Lobster Place海鲜市场一定不能错过。逛海鲜市场与逛中国城的鱼虾摊完全是两种体验，这里丝毫闻不到任何的鱼腥味，透过玻璃柜台，粉红色的肥厚三文鱼，如毛刺球般的新鲜海胆，形态各异的生蚝、蛤蜊都整理得干干净净，躺在碎冰之上。这里还供

应很多半成品食材，如腌制好的鱼肉、香肠、配好佐料的法式蜗牛等，只要买回家放入烤箱中就可以享用一顿丰盛的海鲜大餐了。

海鲜市场中间还有一个寿司吧和生蚝吧，客人们可以围坐于鱼摊旁边品尝当日新鲜到货的各种鱼虾刺身、寿司，自选碎冰上的生蚝，这才是真正的"零距离"享用海鲜。

海鲜市场的另一大卖点就是大龙虾。1磅到3磅不等的

缅因州大龙虾被现场煮熟，红彤彤的大龙虾堆积于玻璃橱窗之内。这里的龙虾并没有特别的调味，只是最为简单的蒸煮并配以黄油和柠檬，而这也是最为传统和经典的美式龙虾做法。这里没有提供座位，人们只能站着如吃比萨一般，体味缅因龙虾最为单纯的鲜甜。除了大龙虾外，还有新英格兰龙虾、蛤蜊海鲜浓汤等也是不错的选择。

吃过龙虾后，便可以逛逛Buon Italia（意大利食品杂货），这里有各种意大利面条、腌制的橄榄、熏肉、芝士、巧克力，还有独特的香料等。如果想做一顿正宗的意大利餐，这里几乎可以买到所有的食材。喜欢水果和蔬菜的朋友则能在Manhattan Fruit Exchange（曼哈顿水果交易处）中找到很多长相古怪又叫不出名字的奇异水果。

走出Chelsea Market，你会发现，原来纽约的艺术感绝对不局限于博物馆之中，灵动的创造性可以深入到城市的每一个角落。离Chelsea Market不远的High Line Park（高

线公园）就是一个由废弃的铁路轨道所改建的空中花园。铁轨上种植了各种绿色植物，喷泉小景、石凳躺椅，人们可以在这里散步、跑步，欣赏哈德逊河的美景，或隔着落地玻璃近距离感受纽约川流不息的车水马龙。

美 食 推 荐

龙虾

生蚝

咖啡

SPICE MARKET

地　　址：纽约13街西403号（403 W 13th St., NY 10014）

交　　通：乘坐地铁L号线到第八大道（8th Ave）站，步行5分钟

营业时间：11:30～次日01:00（周日至周三），11:30～次日02:00（周四至周六）

人均消费：200～350RMB

不一样的泛亚洲街头美食

在纽约，有两种亚洲美食，一种是走传统路线的地道风味，如中国城中分量足、便宜又实惠的中餐，还有一种则是Asian Fusion（混合了亚洲食材、烹饪方式的泛亚洲料理）。这种混合料理的餐厅往往使用优质的食材、精美的装盘加之大胆的创意，在纽约美食界大行其道，深受主流社会的钟爱。

这种"不地道"的亚洲菜绝非廉价的"果腹"之物，它售卖的是一种"文化的交融"——一种非常时尚的饮食方式。正因为纽约是一个全球移民都市、世界文化的中心，混合料理很大程度上代表了纽约的态度。而亚

洲美食的大举进入更成为混合料理的潮流走向。几乎所有的混合料理都会与东方扯上关系，寿司、饺子、拉面，在这里都会变成另一种模样，它们的华丽变身让人们不得不惊讶"原来食物不只是食物，是值得探索之物"。

在纽约，几乎所有高档亚洲餐厅基本都以混合料理著称。而纽约界的饮食大佬们则酷爱无国界的混合菜肴，将各地不同特色的美食元素重新排列组合，形成一种全新的多元饮食文化。其中最为出名的要数由纽约美食界的传奇、米其林三星名厨Jean-Georges Vongerichten所开办的新式泛

亚洲餐厅Spice Market。

Jean-Georges Vong-erichten善于烹饪精致的法国大餐，没想到一次意外的亚洲之行，竟让这位世界知名大厨迷恋上了东方食材，尤其对诡谲变化的复杂香料产生了极大的兴趣。在尝遍了各种亚洲街头美食后，他决定将这种无法言喻的神奇东方味道带到美国。

Spice Market已经在知名餐厅聚集的肉库区屹立了十年，至今还是火爆得一座难求。走入Spice Market就如同进入了一个奇妙的东方古殿，错落有致的轻纱卷帘，古朴神秘的屏风吊楼，性感又迷离的橘黄灯光，华丽又复古的木质装饰，煽情的绛红色调挑逗着食客的视觉神经。尤其到了晚餐时间，灯光、烛光摇曳着令人心醉的光晕，加之撩人的动感乐曲，不知不觉就让人深陷于这浪漫的氛围中，真有点酒不醉人人自醉。

Spice Market汇集了来自日本、印度、中国、泰国、马来西亚、新加坡、越南等各地的小吃，每一种佳肴都可以依稀嗅到"原产国"的味道，但经过Jean-Georges得意门生Anthony Ricco之手，就焕发出别样的风情，让人充满了惊喜。熟悉法式烹饪技巧，又接受过中餐训练的Anthony Ricco会用制作可丽饼的方式来摊中式米饼。他不是一个循规蹈矩的人，在他的菜肴里会看到各种东西方食材、配料，虽然觉得不可思议，但吃起来却有一种浑然天成的和谐感。

这里有一道以越南虾卷为雏形的龙虾卷非常特别，里面不仅包裹着细细的米粉丝、清甜的龙虾肉、红萝卜丝，还有让舌尖产生激荡层次感的柑橘

啫喱条和泰式辣酱。Anthony
用制作布丁的方式将新鲜柑橘
的酸味提炼出来，再加入凝
胶，使其成为充满清香之气的
啫喱条，将其夹杂于滑爽的龙
虾肉之中，满嘴尽是夏日的清
爽味道，让人回味无穷。

　　还有一道以中国兰州拉
面为灵感的蟹肉兰州拉面完全
颠覆你的想象。无论是外形还
是口感都和我们熟知的兰州拉
面相去甚远。大量龙虾脚、龙
虾壳加入各种香料，熬煮成鲜
甜的海鲜汤底，这就是拉面的
关键配料了。把煮好的拉面拌
入秘制的海鲜汤头，撒上新鲜
的蟹肉、辣椒、油葱酥等，就
成为一碗有着纽约特色的新派
Spice Market拉面了。 如若
抱着"创意"二字而非"传
统"来品味这里的美食，必有
一番前所未有的美食体验。

龙虾卷
泰式菠萝咖喱鸭
蟹肉兰州拉面
新派美式寿司刺身

走入Spice Market就如同进入了

一个奇妙的**东方古殿**。

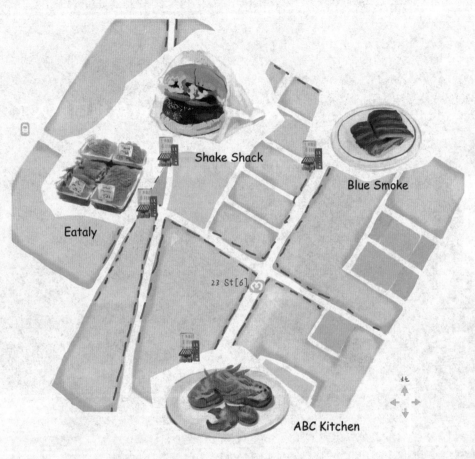

Shake Shack

Blue Smoke

Eataly

23 St[6]

ABC Kitchen

北

熨斗区

BLUE SMOKE

商 家 信 息

地　　址：纽约27街东116号（116 E 27th St., NY 10016）

交　　通：乘坐地铁6号线到28街（28th St.）站，步行2分钟

营业时间：11:30～22:00（周一），11:30～23:00（周二至周四），
　　　　　11:30～24:00（周五），10:00～24:00（周六），10:00～22:00（周日）

人均消费：100～200RMB

慢火8小时烤制烟熏美味

如果说饺子承载着中国人对家庭团圆和睦的美好愿望，那么美国人则用烧烤来庆祝一家团聚的幸福时光，它可是名副其实的美国"国民"美食。虽然美式烧烤起源于南部，但作为美食天堂的纽约也绝不缺乏出类拔萃的烧烤屋。人们无需游历半个美国寻找最好吃的BBQ（野外烧烤），在这里就能体会到正宗的南部风味。

纽约每年都会举办一次Big Apple Barbecue Block Party（大苹果烧烤大会），来自全城著名的烧烤屋与来自美国南方、中西部的烧烤大师们

同场竞技。肉排与烈火激吻之后产生的浓郁香气伴着袅袅炊烟飘散于纽约上空，让人闻着就口水滴答。其中一家名为Blue Smoke的餐厅所烹制的烤肉最受食客们的欢迎。

位于熨斗区（Flatiron）的Blue Smoke烧烤屋的来头可不小，它是纽约最负盛名的餐饮集团Union Square Hospitality旗下的餐厅。纽约餐饮巨头Danny Meyer在成功开办了米其林三星餐厅Eleven Madison Park，著名餐厅Union Square Cafe，Gramercy Tavern，Tabla等一系列高档餐厅后，希望能走一次平民路线，开办一家接地气的烧烤餐厅。

Danny Meyer在尝试了烤肉大师Mike Mills的烧烤后赞不绝口，决定将地道的南部烤肉风味带回纽约，让吃惯了精致法式、意大利菜肴的纽约客也能豪放一把，试试正宗美式BBQ。

2001年，Blue Smoke正式将这股充满南方风情的烧烤旋风刮到了曼哈顿。虽然只是一家烧烤店，但Blue Smoke却仍然以宽敞明亮的店面、超长的豪华吧台、看似粗放却颇具格调的设计彰显着它的"财大气粗"。

Blue Smoke烧烤店最大的特点就是融合了美国中西部及南部各地的烧烤风味。在这里，食客们可以品尝到来自德州、田纳西、堪萨斯、路易斯安那等各具特色的BBQ。纽约不仅聚集了来自世界各地的外国移民，还有全美各地来此淘金的美国人。Blue Smoke的烧烤让来自南部的美国人找到妈妈的味道，而让从未尝试过美式BBQ的朋友经历一次烧烤初体验。

Blue Smoke最为出名的就是烤小排。这里使用的都是色泽鲜亮、肉质鲜嫩的猪小排。首先将小排用辣椒粉、胡椒粉等特制香料腌制入味，然后放入烤箱中以华氏210度的中温慢火烤制8个小时。烤箱中会放入大量的樱桃木，用烤箱的排风系统将木材的香气熏染到肉排中，这样既保证了烤肉浓浓的烟熏香气，又不会担心明火的危险。

　　经过8个小时的慢火烤制后，小排就变得外焦里嫩、肉汁充沛、烟熏味十足。最后将烤制好的肉排涂上Blue Smoke的独家烧烤酱汁，一盘美味的烤肉就可以上桌了。这里的肉排软嫩到轻轻一咬就骨肉分离，留下阵阵诱人肉香，令人吮指不停。Blue Smoke还为客人准备了六七种不同的烧烤酱汁、辣椒酱等，人们可以根据个人口味随意添加。

　　Blue Smoke有一道肉排大联盟 Rib Sampler，可以吃到孟菲斯的小排、堪萨斯的肋排、德州的牛小排。除了招牌小排外，这里的手撕猪肉也是热卖菜肴。将猪肉加香料腌制十几个小时直至入味，再用慢火烤制十几个钟头。猪肉变得软烂到一剥就散落成了肉丝，无论是单吃，还是放入汉堡包中都超级棒。略带麻辣味道的南部风味香肠、松软香甜的玉米面包等都非常不错。记得一定要在吃南部菜肴时配上一杯冰啤才算过瘾。

肉排大联盟

手撕猪肉

风味香肠

玉米面包

SHAKE SHACK

地　　址：纽约麦迪逊中央公园23街东与麦迪逊大道交接处
　　　　　（Madison Sq. Park E 23rd St.& Madison Ave, NY 10010）

交　　通：乘坐地铁N、R号线到23街（23rd St.）站，步行2分钟

营业时间：11:00～23:00

人均消费：35～60RMB

纽约头牌汉堡连锁店

麦当劳、汉堡王、温蒂汉堡这些在美国甚至世界家喻户晓的汉堡连锁店，在纽约人眼里简直不值得一提。因为纽约人有着自己专有的汉堡连锁店——Shake Shack。在纽约人心目中，它不仅仅是一个汉堡品牌，更是纽约美食的标志，甚至是引以为荣的骄傲。

当加州人说到他们有Inn Out汉堡时，纽约人就会不屑地回答"我们有Shake Shack"。Shake Shack曾经被《纽约时报》评选为最美味的汉堡，自2004年6月在麦迪逊广场公园开业以来，这里几乎日日大排长龙，人们需要等待一个多小时来购买汉堡，十年来依然火爆如初。如今，Shake Shack汉堡店仅在纽约就有9家店，还有11家分布在宾州、佛罗里达、哥伦比亚、新泽西等地，就连英国、土耳其、俄罗斯都有其分店。十年的时间里，Shake Shack从麦迪逊广场公园里面一家小小的热狗摊发展成为全

球汉堡连锁品牌，其辉煌的成绩不能不视为一种奇迹。

Shake Shack最为出名的就是芝士汉堡和奶昔。这里的芝士汉堡看上去非常普通，只是汉堡面包、牛肉饼、生菜、西红柿片和芝士，然而就是如此普通的食材却创造出了惊人的美味。这里的牛肉饼是采用100%全天然的安格斯牛肉，不含有任何荷尔蒙或者抗生素，而且Shake Shack牛肉饼都是煎制成五分熟，外表焦香呈深棕色而里面却仍然是漂亮的粉红色。牛肉的汁水被牢牢地锁在了肉饼中，咬上一口就能满嘴流油。而新鲜的生菜和西红柿正好可以消解油腻，给人清爽的感觉。只要试过了Shake Shack的芝士汉堡，你就再也不想去麦当劳或汉堡王了。

这里每天用新鲜自制的冰淇淋做成超级浓稠的奶昔也是客人必点的饮品。Shake Shack的奶昔浓稠到客人将吸管插进去，吸一两口都很难吸

到，一定要使出吃奶的劲才能品尝到那香滑美妙的滋味。

2014年Shake Shack十周年庆典上，纽约几乎所有的顶级大厨都来为这位"纽约宝贝"捧场助威。Shake Shack携手Daniel Boulud、David Chang、Andrew Zimmern、Daniel Humm、April Bloomfield等几位纽约美食界的大佬们推出了限时庆典汉堡。麦迪逊广场公园内被围堵得水泄不通，没想到见惯大场面的纽约客竟然能为一客小小的汉堡而如此的疯狂。

如果来纽约没有排队等待过Shake Shack汉堡，就好像去了北京没有吃到全聚德的烤鸭，总会觉得很遗憾。

芝士汉堡
奶昔

EATALY

地　　址：纽约第五大道200号（200 5th Ave, NY 10010）
交　　通：乘坐地铁N、R号线到23街站，步行2分钟
营业时间：10:00～23:00
人均消费：100～300RMB

意大利美食天堂

来到纽约就能品味全世界，这句话一点也不夸张。你无须长途跋涉前往西西里或那不勒斯，在纽约就可以享受到最地道的意大利佳肴。这里有上百家不同风味的意大利餐厅，还有一个你进去就舍不得出来的意大利美食天堂Eataly。

2010年，纽约知名意大利裔主厨Mario Batali与意大利商人Oscar Farinetti等人将熨斗区的一个玩具大楼改造为占地超过50000平方尺（4600平方米）的意大利美食广场。它集欧洲集市、现代超市、开放式餐

厅、实验厨房于一体，全方位地展现"西餐之母"的独特魅力。

　　Eataly刚开业时，等候入场的客人一直排到了第五大道之上，此地的交通连续拥堵了一个星期。当时的纽约市长彭博还专程到开业典礼庆贺，称其为纽约美食新地标。这里除了拥有超大的美食广场外，大楼的顶层还有一座占地418平方米的露天屋顶啤酒花园。夏天，当暑气消退时，来这里吹着小风，喝着啤酒，大啖意大利辣肠、熏肉、芝士，在曼哈顿也能感受到意大利人的惬意生活。

　　在Eataly的超市中可以购买到原产于意大利的各种意式咖啡，几十种形状各异的意大利面条、通心粉，煮食Risotto炖饭所需的意大利米，令人眼花缭乱的面条酱料，高品质的顶级橄榄油和红酒，还有弥漫着奇异香气的特殊配料等应有尽有。如果想自己烹煮一顿原汁原味的意大利大餐，在这里一定可以找到所需要的所有食材。

　　除了来自意大利的各种

干货食材外，这里还有海鲜和
蔬果市场。海鲜全部如陈列品
般摆放于玻璃窗内，下面铺满
了碎冰保持其新鲜度，而且处
理得相当干净，没有一点鱼腥
味。经过精挑细选的蔬果则用
竹篓盛放，每一个看上去都娇
艳欲滴，新鲜非常。虽然价格
比一般市场要高，但质量确实
无可挑剔。

　　如果逛累了，美食广
场中有不少开放式的餐厅如
Tasting Room（品菜品酒
室），客人们可以坐在吧台
上，让厨师现场烹饪，也可以
随意购买了几种餐点在公共就
餐区大饱口福一番。

　　来到Eataly，意大利著
名的帕尔玛火腿是必尝的美
味。这里的帕尔玛火腿不仅讲
究产地，就连年份的长短、肉
质的干湿程度都做了详细的划
分。将帕尔玛火腿切得薄如
蝉翼，配着哈密瓜或芝士生
食，再佐以一杯红酒，是最完
美不过的搭配。

　　没有刀叉，仅是一块小木
头案板上摆放着几片不同风味
的芝士和纹理清晰、色泽通透
的生火腿片。细细咀嚼着芝士

的浓郁，慢慢品味着红酒的香醇，偶尔飘来一点极品生火腿带来的咸香，这大概就是舌尖上的意大利歌剧吧。味蕾随着美味的韵律欢愉地跳动，跌宕起伏间完美演绎意大利的美食艺术。

在Eataly不仅可以买到很多正宗的意大利食材，还可以学到不少意大利佳肴的烹饪技巧。这里经常邀请意大利名厨现场教学，实验厨房也可供学生们亲身体验食材挑选、烹饪的全过程。

在享用完意大利大餐和收获了满满的意大利食材之后，千万不要忘记尝试这里的意式特浓咖啡和精致如艺术品般的甜品。入口即化的提拉米苏，那淡淡的苦、微微的甜，轻柔而润滑的口感让人难以抗拒。徜徉于意大利美食王国，瞬时有种身在纽约、心在罗马的浪漫感觉。

美 食 推 荐

各种意大利原产食材
甜点
菜肴

ABC KITCHEN

商 家 信 息

地　　址：纽约18街东35号（35 E 18th St., NY 10003）

交　　通：乘坐地铁4、5、6、L、N、R、Q号线到联合广场站，步行4分钟

营业时间：12:00～22:30（周一至周三），12:00～23:00（周四），12:00～23:30（周五），
　　　　　11:00～22:30（周六），11:00～22:00（周日），每日15:00～17:30休息

人均消费：100～250RMB

纽约有机环保美食餐厅

坐落于熨斗区的高档家具店ABC Carpet and Home的有机环保餐厅ABC Kitchen，是近年来纽约迅速蹿红的超人气餐厅。它是纽约餐饮巨头Jean-George家族的最新成员，与老牌米其林三星餐厅Jean-George的高端华贵路线不同，也有别于泛亚洲料理的 Spicy Market。ABC kitchen玩起了永不过时的"环保"概念。

健康、有机、环保、时尚，ABC kitchen牢牢地抓住了纽约人所崇尚的生活方式，开业不久就名声大噪。它

的成功不仅在于顺应了潮流理念，更有纽约餐饮巨头Jean-George的加持。纽约美食界流传着一句话，"只要能与Jean-George沾上边，想不火都难"。

他家的室内装潢绝对是看点之一。以纯白为主色调，简洁而明快；原木色的装饰房梁，仿旧的水泥柱，复古又时尚的水晶吊灯，还有回收的桌椅都透露了设计师的匠心。这里的装饰品很多来自纽约的本土设计师之手，店内到处都有绿色的植物，乡野的田园风格与都市的摩登前卫浑然天成。

ABC Kitchen的每张餐桌上都会摆上一束小巧而精致的插花，以环保之名用回收的厚纸板做成餐单的夹板，半开放式的厨房外还摆放着当天使用的新鲜蔬果食材。置身其中，仿佛来到了小农场，一股清新之风袭来，让人感觉很舒服。

除了ABC Kitchen独具一格的装饰风格外，他们所使用的全有机的健康食材也是吸引食客的一大卖点。这里的食材均采用纽约本地农场当季最为新鲜、无化肥、无添加剂的有机蔬果，制作出低脂、低糖、低油的健康餐点。厨师尽可能以食材的原本鲜味征服食客的味蕾。

例如，这里的招牌餐点扇贝刺身用新鲜的扇贝肉加入少许清新的香菜、茴香，口感很清爽，就如同将夏日凉爽的海风吃进了肚中。而这里的扇贝采用的也是Diver Scallop。Diver Scallop是指用人工采摘的方式采集到的扇贝，这种做法要比机械采集对环境的破坏度低许多。

而他家的慢火烤龙虾味道也很特别。采用缅因的鲜活大龙虾，加入了少许的干辣椒粉，用散发出辛辣香气的牛至和柠檬等慢火烤制而成。龙虾的肉质很鲜嫩清甜，辣椒与香料的提味让这道龙虾的口味变得复杂而有趣。

ABC Kitchen从食材的选择、烹调到室内设计，都将环保理念进行到底。就连来这里用餐的俊男美女们也大多是健康饮食的倡导者，他们个个着装入时，而且一不小心就可能遇到大明星。

ABC Kitchen相对于Jean-George旗下的其他餐厅来说，价位还算比较适中。中午有32美元（约190RMB）的午餐Three Courses（前菜+主菜+甜点三道套餐），性价比颇高。

慢火烤龙虾
扇贝刺身（菜单随季节变化）

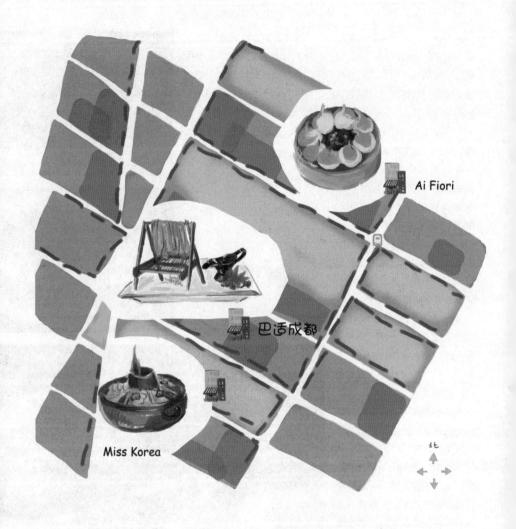

Ai Fiori

巴适成都

Miss Korea

韩国城

北

MISS KOREA

商　家　信　息

地　　　址：纽约32街西10号2楼（10 W 32nd St., 2nd Floor, NY 10001）

交　　　通：乘坐地铁N、R、Q号线到34街（34th St.）站，步行6分钟到32街韩国城内

营业时间：11:00～22:00（周日至周三），11:00～24:00（周四至周六）

人均消费：100～400RMB

韩国城内享用正统韩式宫廷精美料理

曼哈顿中城的Herald Square（先锋广场）附近有一条热闹非常的小街，里面有几十家韩国餐厅食肆、超市、小店等，被人们称为"韩国城"。在这里人们可以吃到正宗的韩式烤肉、拌饭、豆腐煲等。其中有一家名为Miss Korea的韩国餐厅不仅提供普通的韩式家常菜，更是将难得一见的传统宫廷佳肴带到了纽约。在这里，人们可以品尝到"大长今"中的五彩火锅，费时费力的传统九节坂，还能端坐于韩式传统的帘帐之内，倾听着古典钢琴乐曲，品尝着复杂而精致的宫廷盛宴，让舌尖领略一番真正的韩国美食之旅。

Miss Korea是韩国城内最大的韩国餐厅，分为一楼的Jin（真），二楼的Sun（善），三楼的Mee（美），三层楼拥有不同的主题，风格各异。一楼仿造山水的灵境之美，给人一种闲云野鹤般的悠然和随性，气氛轻松自在，比较适合朋友聚会。

依照韩国餐厅的习惯，餐厅会为客人准备七八道免费的开胃小菜，有各种自制的泡菜、小鱼干、沙拉

等。有时，Miss Korea更是大方地为每位客人奉送一条新鲜的油煎小黄鱼，还未正式享用正餐，已经觉得胃口大开。这里的各种韩式烤肉、拌面拌饭、豆腐煲都是点击率颇高的招牌菜。

而二楼则提供"Three-Course"的宫廷韩餐。这里被装饰成具有韩国书院文化特色的舍廊房，设有包房和雅座，安静而私密，比较适合商务宴请。厨师会按照四季的变化，设计出当季最为新鲜的时令菜肴，所以每日的餐单都会有所不同。

头盘会包括自制蔬果干、当天的营养粥品、沙拉、每日厨师特选前菜、九节坂等。这里的菜式在韩国城其他餐厅都很难品尝到。例如，古代韩国宫廷料理中的前菜九节坂将九种食物放置在有九格的八边形攒盒中。九节坂中间一格一般放置薄饼，每层薄饼上会放一个松仁代表吉祥之意。周围环绕的八个小格按

五味五色放置蛋黄丝、红萝卜丝、炒牛肉丝、木耳丝、青瓜丝、豆芽、蘑菇丝、虾仁等，口味非常清淡。吃的时候将喜欢的食材放入饼内，再配以酱油、芥末或辣椒酱等包卷起来吃。由于工序很复杂，一般的韩国家庭也很少制作这道菜肴，只有在过年或婚礼的宴席上才会出现。

还有一个Sinseollo（五彩火锅神仙炉），不仅造型别致，颜色亮丽，而且汤底的味道也非常鲜美爽口。这道神仙炉是传统的皇家美食之一，在长时间慢火熬制的海鲜高汤中加入了肉丸、海鲜、蔬菜、银杏、红枣等食材。相传古代的朝鲜王公割据，战乱不断，国王就想让大家和谐相处，因此发明了这样集所有食材、精华于一炉的美食，寓意包容、和平。

三楼则将传统韩风与现代简洁装饰风格完美结合，比较适合家庭聚会。曾经是老师的老板Sophia Lee打趣道，一对情投意合的情侣初次约会或许会来到一楼，享受轻松愉快的就餐环境；而二楼则适合正式的订婚宴会，几位最亲密的家人和朋友在包厢内见证幸福人生的开始；当两人喜结连理，生儿育女后，一家人则可以到三楼享受欢乐的家庭时光。

三楼的菜式与一楼差不多，多以韩式烤肉为主，这里的烤肉分为腌制过和未腌制过的。腌制过的烤肉是先抹上韩国特质烧烤酱料，然后放在特质瓦罐中让其慢慢入味。待烧烤时，将肉片从罐中取出，放入餐桌上现场为客人烹制。只见服务员夹着肉排熟练地上下翻烤，肉排的油脂顺势滴入滚烫的铁板上发出嗞嗞响声。这时，肉香顺着热气腾腾的轻烟弥散于整间包房之内。待肉焦而不老、油而不腻之时，服务员迅速将其切成小块，盛入盘中供客人享用。

将刚刚烤好的肉片包在生菜叶中，浇上一点辣椒酱或大豆酱，束成团状塞入嘴中。略带焦香、微甜入味的牛肉块鲜美爽嫩，与清淡解腻的生菜叶合二为一，再喝一口烧酒，让人感觉无比满足。肉宴之后再来一碗清凉爽滑的韩式冷面，就别提多带劲了。

美 食 推 荐

烤肉
石锅拌饭
韩式宫廷套餐

以韩式**宫廷料理**著称的Miss
Korea堪称古色古香。

巴适成都

（商）（家）（信）（息）

地　　址：纽约33街东14号（14 E 33rd St., NY 10016）

交　　通：乘坐地铁6号线到33街（33rd St.）站，步行5分钟

营业时间：11:00～21:45（周一至周五），12:00～21:45（周六至周日）

人均消费：100～200RMB

百味川菜灶房中玩"变脸"

牛排、汉堡、法式佳肴、意大利餐……每日变化不同的菜系，纽约也能让你365天顿顿不一样。但中国人那眷乡念土的味蕾却始终无法忘怀色香味俱全的中国菜。时常都有中国游客问我，吃腻了美国餐，哪里能吃到中国菜解下馋？

的确，米其林盛宴再美妙也只能偶尔为之，那只是一种新奇的体验，唯有最为熟悉的花椒、辣椒能让人重温平实的幸福。每每看到中国游客在第五大道寻觅中餐馆的身影，都让我不禁感叹，中国胃在哪里都是无法改变的。

纽约著名景点帝国大厦附近就有一家地道的四川菜馆——巴适成都。这里的门面并不大，招牌也不显眼，但生意却异常火爆。餐厅内古色古香的木雕灯笼和折扇流露出浓浓的中国风。一进入餐厅就闻到一股勾人魂魄的青花椒香气，那提神醒脑的麻辣鲜香让多巴胺源源不断地从胃部和大脑中分泌出来，一种阔别已久的家乡味道让人从心底感到幸福。

很多中国明星来纽约看秀或参加演出，结束之后都会到

巴适成都聚餐，在这里碰到名人的机会很多，如姚晨、高圆圆、郭德纲都曾到这里用餐。巴适成都的主厨王忠庆师傅是地道的四川人，有着30多年川菜料理经验。他家的川菜并不是一味地寻求辣味，这里有上百道菜，鱼香、麻辣、红油、糖醋、椒麻等味型应有尽有。

这里所使用的很多调料都是从四川空运而来，如"三椒"中的花椒，特别是青花椒，在纽约是无法买到的。还有川菜中常用的郫县豆瓣酱和花雕酒都选自四川老字号的品牌。而巴适成都自制的辣椒酱则是他们招牌菜酸汤肥牛的秘密武器，仅用舌头舔一舔就已经回味悠长。

他们家的川菜不仅味道很是正宗，而且摆盘配搭也丝毫不马虎。这里的青花椒水煮鱼是每桌必点的人气菜肴。用鲜活的白色鲩鱼为原料，整条鱼浸泡于香气扑鼻的红油辣汤中。鱼片滑嫩而清甜，伴着青花椒散发出的麻辣清香，让人吃得酣畅淋漓，通体舒畅。而以木架为器皿的晾杆白肉倒有

些农田山野般的诗情画意。客人吃时将薄薄的肉片从木杆上取下，蘸着蒜蓉、辣椒酱汁来吃，甚是开胃。吃完一顿满意饱足的川菜后，大家又可以继续第五大道的血拼旅程。

美 食 推 荐

青花椒水煮鱼
晾杆白肉
麻辣腰花
辣子鸡丁

AI FIORI

地　　址：纽约第五大道400号，朗豪坊二楼

　　　　　（400 5th Ave, 2nd Level, Langham Place Fifth Avenue, NY 10018）

交　　通：乘坐地铁B、D、F、M、N、R、Q号线到34街（34th St.）站，步行7分钟

营业时间：07:00～22:15（周一至周四），07:00～22:45（周五），08:00～22:45（周六），

　　　　　08:00～21:45（周日）；每日14:15～17:30休息，周六无午餐

人均消费：300～900RMB

第五大道上的新派高档意大利餐厅

位于第五大道，距离著名的帝国大厦仅一步之遥的意大利餐厅Ai Fiori可谓是作风高调、行事低调的曼哈顿餐饮界新贵。说其低调，是指它隐藏于高档酒店Langham Place的二楼，如果不知其名即使从它身旁路过也不会察觉。论其高调，是指它的主厨是目前纽约美食界炙手可热的明星大厨Michael White，他从星级名店Corton觅得糕点师，从老牌法国餐厅Jean-Georges高薪聘得调酒师，从著名意大利餐厅Del Posto挖来餐厅经理，Ai Fiori的全明星阵容还未开业就在业界引起了轩然大波。

2010年，Ai Fiori在一片喧嚣与期许中开业。没过多久，它就不负众望地斩获了米其林一星，《纽约时报》的三星高评，大众点评网站Yelp的四星评级，如此高的人气让其迅速在曼哈顿爆火。

Ai Fiori在意大利语中是鲜花的意思。在意大利、法国学习厨艺多年的Michael White一直很怀恋里维埃拉的地中海风情。那里碧海蓝天，阳光充裕，鲜花盛开，而里维埃拉的美食既受到意大利菜的影响，又带有法国南部菜肴的特色，Ai Fiori餐厅正是主打这种意法结合的泛地中海菜肴。

Langham Place酒店门口穿着制服的门童会彬彬有礼地为客人拉开大门，进入酒店之后乘坐电梯到二楼就会再次看到那束熟悉的典雅磨砂的藤蔓花纹标志Ai Fiori。

人们渴望走入大自然的怀抱，却还是时常发现困顿于这钢筋水泥的楼宇中。Ai Fiori尽管以生机勃勃的绿色作为墙壁色调，又挂着充满意大利风情的蔓藤壁画，走道的装饰隔墙上还放有形态各异

的花枝，却难以掩盖其浓重的商务氛围。甚至有评论家认为它就如同一个公司会议室般沉闷。

Ai Fiori担心第五大道的嘈杂会影响到餐厅的雅致风格，故将所有的窗子都以幕帘所遮挡。但无论如何，白色的棉质桌布，镶包着深褐色核桃木的白色皮质座椅以及简洁而素雅的设计尽显其低调的奢华之风。

就连这里的服务员都如同阿玛尼的模特一般，气质非同寻常。一位满头白发、蓄着小胡子的资深服务员，举手投足间都散发着时尚气息。

擅长烹饪意大利面食的Michael White为Ai Fiori的菜单设计出了多款招牌意大利面和意大利饺子。如包裹着猪肩胛肉的Ravioli（意大利饺子）以及各种海鲜意大利面等。除了常见的意大利面点外，这里鲜甜可口的奶油龙虾，肥而不腻、嫩滑无比的香煎小羊排都是广受好评的招牌菜肴。

Ai Fiori推出了每人45美元（约270RMB）的两道菜组合的特惠午餐。如果想体验Ai Fiori最经典的菜肴，可以试试大厨精选的晚餐，由七道最具创意的精美佳肴组成，每人

155美元（约930RMB）。但如果想更经济实惠地小试一下他家的口味，也可以尝试97美元（约582RMB）的四道"厨师精选菜单"。

Ai Fiori的甜点也是其亮点之一，从Corton请来的糕点师助阵想必不会让人失望。这里的Panna Cotta（意式布丁）口感细腻绵密，奶味浓郁顺滑。橙子的清香沁入布丁之中，不仅降低了甜腻度，还散发着一股悠悠的香气。配上酸酸甜甜的柠檬冰沙，非常清爽。而芝士爱好者更可以在这里品尝到来自意大利、法国的顶级芝士，点上

一杯红酒、几片芝士，慢慢咀嚼那份欧洲情怀。

美食推荐

海鲜意大利面
意大利饺
奶油龙虾
意大利布丁

中央公园

The Plaza Hotel Palm Court

The Plaza Hotel Food Hall

北

The Modern

Clement

47-50 Sts-
Rockefeller Ctr

Lexington Av/53 St

51 St

21 Club

21 CLUB

地　　址： 纽约52街西21号（21 West 52nd St., NY 10019）

交　　通： 乘坐地铁E、M号线到第五大道/53街（53rd St.）站，步行2分钟

营业时间： 12:00～22:00（周一至周四），12:00～23:00（周五至周六），
14:30～17:30及周日休息

人均消费： 250～500RMB

美国总统必到的"非法"餐厅

位于曼哈顿西52街的21 Club是纽约最负盛名的高档美式餐厅。它的荣光从1930年至今从未消退过。自总统富兰克林·罗斯福以来，除了小布什（他的太太和女儿曾到访过）以外，美国历任总统都必到21 Club就餐。

21 Club并不是一般意义上的老餐厅，半个多世纪的岁月洗礼使其散发出历久弥新的成熟魅力。那柔软的地毯，红白格子的桌布，皮面沙发椅，还有隐藏其中的传奇故事，都让人对这座纽约地标性的餐厅无限向往，只期盼能跻身其中，亲历一场《华尔街》（*Wall Street*）的金钱交易，演绎一次《欲望都市》的爱恨纠葛。

从电影场景到现实生活，21 Club都是一个不折不扣的纽约名利场。各国名流政要、世界最具权势的人们在这里上演了一出又一出精彩的真人秀。风云变幻，曲终席

散，如今只能从天花板上的装饰、酒窖里的陈年美酒中依稀感受到《成功的滋味》（Sweet Smell of Success）。

20世纪20年代，正值美国禁酒令管制时期。两名大学生Jack Keriendler和Charlie Berns偷偷在格林威治村开办了一家名为Jack and Charlie's 21的小酒馆，为了躲避搜查，他们不得不四处开店。

直到1930年1月1日，21 Club才正式在曼哈顿中城西52街开业。尽管当时检查非常严格，但Jack和Charlie仍然冒险秘密非法卖酒。他们请来了著名的建筑师和设计师，绞尽脑汁建立秘密酒窖。当有人查处时，他们就会悄悄通过秘密斜道将酒直接倒入下水道。

虽然禁酒令的紧张氛围早已远去，但食客们仍有机会参观这个极富传奇色彩的秘密酒窖，这里保存着非常多的珍贵美酒，如1898年的Montrachet（梦拉榭葡萄酒）、1880年的Romanee-Conti（罗曼尼康帝）等，还有包括福特总统、尼克松总统、伊丽莎白泰勒等名人的私家藏酒。

21 Club是一个有故事的餐厅，而故事从餐厅的大门就开始娓娓道来了。路过21 Club，一眼就能看到餐厅阳台上有一排五颜六色、栩栩如生的骑手小人的雕塑。这些做工精致、样式特别的骑手小人都是由美国一些培育优良种马的著名马厩所捐赠。例如来自美国巨富的范特比尔家族、梅隆家族等，每一个小人都是独一无二的标志。如果食客们仔细观察，门外一共有33个运动小人，还有2个小人雕塑隐藏在室内，前来就餐的朋友不妨耐心找一找他们到底藏在哪里。

而走入21 Club主厅后就能找到另一个看点。不高的天花板上挂着各式各样的飞机、火车、汽车模型、古董玩

具等，犹如一个倒立的装饰博物馆。这里的每一个玩具都出自到访的总统、著名作家、音乐家等贵客的馈赠。令人眼花缭乱的古董玩具似乎在述说着一个个不同寻常的有趣故事。

由于21 Club实在有太多名人到访，这里还专门为猎奇的食客准备了一张名人座位表，如果有兴趣的话不妨"对号入座"喔。

人们对于21 Club更多的是一种尊崇，而不仅仅只是对食物的品鉴。说到这里的食物，倒并非是纽约数一数二的餐点。这里有传统的经典美式佳肴如牛排、羊排、烤三

文鱼、汉堡等。建议大家可以在正餐前，先在木质的吧台前享用几杯鸡尾酒。这里的服务员全都是经验丰富的长者，他们穿着白色西服，系着黑色领结，好似出席正式的宴会一般。21 Club对就餐者有严格的着装要求，一定要着正装，虽然不用打领结，但千万不能穿牛仔裤和球鞋哦。

煎小羊排

红鲷鱼

21 Club汉堡

THE MODERN

地　　址：纽约53街西9号（9 W 53rd St., NY 10019）

交　　通：乘坐地铁E、M号线到第五大道/53街站，步行2分钟

营业时间：餐厅12:00～22:30（周一至周六），每日14:00～17:00及周日休息，周六无晚餐；

　　　　　吧台11:30～22:30（周一至周六），11:30～21:30（周日）

人均消费：400～1000RMB

与毕加索一同进餐

当吃饭不再是人的生存需要，而变成了精神层面上的追求，美食就成了艺术品。它可以跨越种族、国界、文化、时间，让人们用五官去体味，时而微笑，时而哭泣。而当精致如艺术品般的法国盛宴真正走入世界顶级艺术殿堂时，一场身历其境的视味震撼大戏才算拉开帷幕。

在纽约有一家高档的新派法国餐厅可以让食客面对着毕加索的雕塑作品享用美味。位于纽约现代艺术博物馆里面的米其林法式餐厅The Modern以一扇磨砂玻璃幕墙将餐厅分为正式的餐厅（Dining room）和比较随意的酒吧间（Bar Room）。白色的棉质桌布，黑色的皮质座椅，简洁的包豪斯派装饰风格与博物馆

的抽象艺术完美契合。

如果选择在餐厅就餐，就可以透过餐厅巨大的落地玻璃窗欣赏到MoMa（现代艺术博物馆）的雕塑花园，毕加索著名的母羊雕像就陈列于此。人们在绿树成荫的花园中感受着艺术氛围，而食客则可以在他们的身后静静地欣赏着这幅生机勃勃的流动画卷。

能在世界顶级的现代艺术博物馆就餐本来就是一种幸运，而The Modern的成功却不仅仅因为绝佳的地理环境。由纽约餐饮巨头Danny Meyer开办的这家法国餐厅从使用的丹麦餐具、桌布到高品

质的新鲜食材，细心入微的服务都让人有如沐春风般的愉悦之感。

Danny Meyer还特意请来知名法国大厨Gabriel Kreuther坐镇The Modern。来自法国阿尔萨斯的Gabriel擅长将传统的阿尔萨斯烹饪技巧与纽约本地食材相结合，每一道菜都如一幅现代艺术画般融入了无限的想象力和创造力。虽然如今Gabriel Kreuther已经离开了The Modern自立门户，但The Modern的水准与风格并没有下降。

The Modern坚持美食是流动的艺术和生活，这里的菜

单经常都会变化。厨师会根据四季甚至每天的变化来选择食材和设计菜单，让食客通过最天然的味道真切体味大自然的神奇变化，春去秋来就在人们的舌尖曼妙地轮回。

无论是摆盘还是味道，The Modern都让食客充满了惊喜。比起人均消费100美元以上的米其林餐厅，这里的餐点算是性价比很高的。推荐大家中午来这里享受三套菜和四套菜的午餐套餐。一则价格会比晚餐便宜，二则可以更为清楚地欣赏到毕加索的雕塑花园。午餐三道菜套餐为66美元/人（约396RMB/人），四

道菜套餐为76美元/人（约456RMB/人），四套菜套餐会多一道主菜，更为划算一些。

在这里可以品尝到法国阿萨斯最为著名的鹅肝，滑润柔软、入口即化的香煎鹅肝，配上酸甜开胃的金钱橘酥饼塔，再浇上小茴香香醋，如此具有创意的搭配既能享受那份饱含油脂的肥腴，又不会太腻。再看看那别致的造型，放到嘴里，心也跟着融化了。

新鲜的缅因州大龙虾肉点缀着黑松露，红薯丸子上覆盖着如雪花般的珍贵白松露片，这里的每一道菜都是对味蕾的最佳恩宠。套餐中还包括一款自选的餐后甜点，水果塔、慕斯、冰沙都以极为梦幻的姿态出现在餐桌上，它们就如同精致的艺术品一般端坐于白色的瓷盘中，你甚至都不忍心将他们破坏，那种美好也许只能留存于相机中，而绝妙的滋味却会永远地封存于记忆里。

无论是舌尖上的艺术还是画笔下的艺术，The Modern 都会给你一次最为深刻的艺术洗礼。继续漫步于博物馆中，徜徉于毕加索、梵高的艺术世界，远离纷扰的尘嚣，这一刻，你的心与胃都会得到最大的满足。

特别提示：需要用信用卡预订座位，周日餐厅部分将关闭。

午餐四道品味菜式套餐

CLEMENT

商家信息

地　　址：纽约第五大道700号，55街半岛酒店内（700 5th Ave, NY 10019）

交　　通：乘坐地铁E、M号线到第五大道/53街站，步行4分钟

营业时间：06：30～14：30（周一），06：30～22：00（周二至周五），11：30～22：00（周六），
　　　　　11：30～14：30（周日）；周二至周六14：30～17：30休息

人均消费：250～600RMB

纽约半岛酒店新派美式佳肴

位于曼哈顿第五大道黄金地段的半岛酒店是纽约顶级的五星豪华酒店之一，它曾连续13年获得了3A五星酒店评级，多次被评为全球最佳酒店。它也是纽约最具东方风韵的酒店之一，这里除了有鸟瞰曼哈顿美景的玲珑屋顶酒吧（Salon de Ning），还有兼具东方特色的新派美式餐厅Clement。

Clement虽然开业并不久，但其精致的菜肴与绝佳的地理环境，使它马上成为纽约美食界的新宠。这里的一切对于亚洲食客而言有种既熟悉又陌生的奇妙感觉。坐在玻璃窗前，摇晃着杯中的红酒，望着窗外第五大道上的流光溢彩、车水马龙，仿佛有些空间交错之感，是香港？是上海？他们何其相似，又何其不同。纽约的美，魔幻而冶艳，这种无法复制的美丽夜景，也许只有如此近距离的端详才能体味。

Clement虽然是东方酒店的高档餐厅，但这里的菜肴却是东西融合的新派美式佳肴。Clement的主厨是来自洛杉矶的日裔美国人Brandon Kida。他接受过正统法式烹饪

技艺的培训，又从小受到日本饮食文化的熏陶，Brandon游刃于东西美食之间并融入了个人风格，打造出别具一格的时尚美味。

这里的菜肴基本取材于纽约本地的农场和海鲜市场，用最新鲜的时令鲜果配上各种亚洲配料、香料等来制作。从器具的使用到酱料的调配都有着浓浓的亚洲风情，让亚洲食客感觉到亲近，让西方食客体味到新奇；而在摆盘的设计和烹饪技法上却带有欧式、美式风格，含蓄细腻又浪漫随性。

这里有一道使用美国神户牛肉制作的牛排，先用蒜蓉酱腌制入味，煎得外焦里嫩、蒜香扑鼻，再伴以鲜香无比的烤松茸。如此充满东方神韵的煎牛排在纽约绝不多见。这道口感深邃而丰富的新派煎牛排将亚洲人的内敛敏感表现得淋漓尽致，让人回味无穷。

用餐完毕后，还可以乘电梯到半岛酒店23楼的玲珑屋顶酒吧喝杯酒，欣赏纽约的华美夜景。这里被评为纽约最佳屋顶酒吧之一。酒吧是按照20世纪著名上海名媛玲珑女士的奢华豪宅来设计的，充满了20世纪30年代老上海的风情。中式红木床架做成的室外沙发，端庄的美女旗袍壁画，与屋外曼哈顿的高楼大厦、钢筋水泥的世界在光影交织间形成剧烈反差。这里才是真正的"East meets West"，东方之美在这里散发出无与伦比的魅力。

蒜蓉美式神户牛排
香煎海鲈鱼
哈德逊河谷鹅肝
（菜单随时变换）

THE PLAZA HOTEL
FOOD HALL

地　　址：纽约59街西1号（1 W 59th St., NY 10019）

交　　通：乘坐地铁N、Q、R号线到第五大道/59街（59th St.）站，步行1分钟

营业时间：08:00～21:30（周一至周六），11:00～18:00（周日）

人均消费：100～600RMB

老牌顶级酒店内的美食广场

来到纽约，第五大道是不可不逛的地方，这里汇集了全球顶级的品牌精品店、高档百货商城，还有百年奢华酒店。坐落于第五大道58街，毗邻中央公园的纽约地标式豪华酒店The Plaza Hotel，是美国历史上最具传奇色彩的酒店之一。从1907年营业至今，接待过无数名流显要，它既见证过玛丽莲·梦露的性感妖娆，奥黛丽赫本的高贵得体，也目睹了第一夫人杰奎琳肯尼迪的优雅从容。The Plaza Hotel流传着这样一句话，"这里发生的都是大事"。

The Plaza Hotel已经不是一般意义上的豪华酒店，更像是第五大道上一处不可不看的风景。很多游客特意穿过酒店著名的十字转门，只为体味The Plaza Hotel如同宫殿般的奢华复古设计，金碧辉煌的吊顶、美轮美奂的壁画、日日更换的鲜花，百年的优雅韵味并不显得沧桑与沉闷，反而更显露出与时俱进的新鲜活力。虽然这里昂贵的酒店住宿费用并非普通民众可以承担，但其充满欧洲风情的底层美食广场却是不容错过的美食体验。

The Plaza Hotel地下一层有一个占地32000平方尺（约3555平方米）的美食广场。称其为美食广场，好像有些委屈了其精心设计的高档格调。纽约著名的明星主厨Todd English是这个美食广场的设计者，他受到欧陆美食广场的启发，决定将最具纽约特

色的高品质美食展现给四方来客。能进驻这个美食广场的全是纽约极负盛名的糕点店、意大利芝士红酒吧、高级茶庄等。

人们在这里可以品尝到纽约著名的Lady M千层抹茶可丽蛋糕，来自法国的高级La Maison du Chocolate丝滑松露、杏仁巧克力，FP Patisserie小巧可爱的马卡龙，纽约著名的Vive La Crepe可丽饼，YoArt Frozen Yogurt健康又美味的酸奶，还有纽约大名鼎鼎的Luck's Lobster鲜甜龙虾卷，布鲁克林的No.7 Sub三明治。

若想在这里轻松享用一顿简单又不失情调的午餐和下午茶也有很多不错的选择，客人可以坐在厨师吧台前慢慢品尝着意大利熏肉、羊奶芝士配红酒，或者在Sabi Sushi来一份鲑鱼、海胆寿司套餐，细细咀嚼鱼子酱与法式面包的融合。除此之外，这里还有各种比萨、意大利面等。不同于廉价的街头美食，这里的食物和高档餐厅品质相当，只是环境更为舒适而随意。人们既可以坐在某一个

店铺里面，又可以将食物端到美食广场公共用餐区食用。

The Plaza Hotel美食广场别具匠心的设计、精美而又多元的美食无疑使其成为档次最高的美食广场，也是吃货们必逛的纽约美食集散地之一。

美 食 推 荐

Lady M蛋糕

龙虾卷

马卡龙

鱼子酱

寿司

THE PLAZA HOTEL PALM COURT

地　　址：纽约第五大道768号，广场酒店一楼大厅内（768 5th Ave, NY 10019）
交　　通：乘坐地铁N、Q、R号线到第五大道/59街站，步行1分钟
营业时间：06:30～24:00（周一至周五），07:00～24:00（周六至周日）
人均消费：300～400RMB

奢华的盖茨比下午茶

如果沿着纽约第五大道漫步，就会发现这是一条越陷越深的欲望之路。随着街道数字的逐步递增，品牌的奢侈程度、价格也层层攀升。这是一条让男人绝望、女人兴奋的道路，当血拼接近尾声时就会看到一栋20层楼高的第五大道标志性建筑——百年奢华酒店The Plaza Hotel。

这时，我们需要做的事情就是走进这座如宫殿般的豪华酒店中，在金碧辉煌的棕榈宴客厅（Palm Court）内享受一次最为顶级的下午茶，将奢华之旅进行到底。

棕榈宴客厅是整座酒店最精华、最吸引眼球的地方。宴

会厅如同一个巨大的室内绿色温室，360度全玻璃外墙，1800平方尺（200平方米）的雕花玻璃苍穹笼罩着美轮美奂的棕榈大厅。2002年，The Plaza Hotel曾经关闭进行重新整修，经过五年的时间，耗资上百万美元的流彩玻璃屋顶终于以宏伟的姿态重见世人。

坐在这里被郁郁葱葱的棕榈树所环抱，仰望着精美绝伦的玻璃苍穹，感受薄瓷茶杯亲吻嘴唇时的温度，优雅地张开嘴巴任鱼子酱的咸香慢慢飘散。在这里，每个人都化身为《了不起的盖茨比》（Great Gatsby）中的人物。原来，梦想与现实只隔着一杯下午茶的距离。

而实际上，The Plaza Hotel与《了不起的盖茨比》的渊源颇深。《了不起的盖茨比》的原作者F. Scott Fitzgerald先生本身就是The Plaza Hotel的常客，他故事中的很多情节以及灵感都来自The Plaza Hotel。而在爵士时代，The Plaza Hotel就代表着美国上流社会，直到百年后的今天，它的奢华依然附着时代

的印记，沉静而华贵。

　　Palm Court的下午茶有三种选择，The New Yorker（纽约客）为50美元/人（约300RMB）；Fitzgerald Tea for the Ages（致敬菲茨杰拉德时代香槟下午茶）为60美元/人（约360RMB）；还有儿童下午茶。这里的下午茶以英式传统的三层架式呈现，最上层为精致的甜点，中间是各种三明治，而下层则是原味和杏仁味道的司康。相对于平价的下午茶，The Plaza Hotel则用龙虾、鱼子、烟熏三文鱼等高档食材并点缀以食用金箔。如此精美的小点心，除了要以好茶相配外，这里还特别为客人提供了香槟或雪梨酒。

　　享用过完美的盖茨比式的下午茶之后，就可以坐上马车，绕着大将军广场、中央公园一路欣赏纽约的美景，彻彻底底地做一回公主梦！

纽约客下午茶
香槟下午茶

北

49 St

47-50
Sts-Rockefeller

The Sea Grill

Lexington Av/53

Smith & Wollensky

西安名吃

The Counter

Lady M

Baked by Melissa

时 代 广 场

LADY M

商 家 信 息

地　　址：纽约78街东41号（41 E 78th St., NY 10075）

交　　通：乘坐地铁4、6号线到77街（77th St.）站，步行2分钟

营业时间：10:00～19:00（周一至周五），11:00～19:00（周六），11:00～18:00（周日）

人均消费：48～60RMB（小块）

如卖珠宝一般的售卖蛋糕

Lady M Boutique精品蛋糕店是纽约美食界的一个神话。曾几何时，它还是一间隐藏于纽约上东城高档住宅区的雅致小店。短短六年的时间里，它入驻了老牌星级酒店The Plaza Hotel的欧式美食广场，在中城商业区的黄金地段的布莱恩公园旁占有一席之地，更将触角大胆伸向了西海岸洛杉矶的比佛利山庄。

Lady M Boutique的店面均以纯白为主基调，配以气派的落地玻璃，乍一看还以为是一家高档的时装店或珠宝店。而事实上，Lady M的确是将蛋糕当作珠宝来售卖，这里的蛋糕全部都如珍宝般被典藏于白色恒温的保鲜柜台之中。每块蛋糕都是现场切割，而且一定要做到绝对等分。

让Lady M声名鹊起的是其镇店之宝——Mille Crepe（千层可丽蛋糕）。它是将20多层超级轻薄的法式可丽饼叠加在一起，每层饼皮间铺以新鲜细腻的轻奶油。层层叠叠的柔软饼皮与滑爽奶油合二为一，它以如绸缎般轻盈顺滑的身姿挑逗着食客的每一寸味蕾。初次送其入口，它便释放出难以想象的香醇气息，不一会儿就羞涩地融化于舌尖，富

有层次感的消融正如同多米诺骨牌般的华丽倾泻，有一股难以言喻的震撼。

　　Lady M的千层可丽蛋糕有原味、巧克力味、草莓和抹茶味等，其中最受亚洲食客喜爱的就是抹茶口味的千层可丽蛋糕。可丽饼之间夹着抹茶轻奶油，而蛋糕表面也撒上了一层略带苦涩的抹茶粉。幽幽的茶香为单纯的甜蜜带去了一丝清新之感，口感更为深邃。

　　Lady M的千层可丽蛋糕将传统的法式可丽饼进行大胆改良，将西点技艺融入东方风

韵中，创造出独一无二的千层可丽蛋糕。锻造Lady M风靡神话的幕后策划人就是其老板Ken Romaniszyn。拥有日本和美国两种血统的Ken从小就深受东西方文化的熏陶，青少年时与外祖母同游日本，品尝到传统的日式点心，其精致的做工、细腻的口感让他大开眼界，从而萌发了将日式点心带回美国的想法。

Ken毕业于加州大学洛杉矶分校商业管理学院，随后又进入哈佛商学院进修。无论从Lady M的店面选址、定位策略，还是品质管理上，Ken都显露出敏锐的商业嗅觉。

制作一个千层可丽蛋糕的工序非常复杂，大概需要30个小时左右，每天Lady M都要售卖数百个Mille Crepe。在纽约的皇后区，Lady M有一个庞大的后厨团队，近40位糕点师一丝不苟地精心制作着十几种不同的甜点。这里的糕点与传统的美式甜点截然不同，它用独特的创意和绝妙技法让客人尝到甜蜜的幸福感，而并非厚重的甜腻滋味。

也许Lady M的千层可丽蛋糕太出名，人们都直奔它去而忽略了其他的糕点。其实他家的香草与巧克力完美融合的格子蛋糕、包含大块新鲜香蕉的千层酥味道也都非常不错。

抹茶千层可丽蛋糕
格子蛋糕
香蕉千层酥

BAKED BY MELISSA

商 家 信 息

地　　址：纽约42街东109号（109 E 42nd St., NY 10017）
交　　通：乘坐地铁4、5、6、7、S号线到中央车站（Grand Central Terminal），步行1分钟
营业时间：08：00～23：00（周日至周四），07：00～24：00（周五），08：00～24：00（周六）
人均消费：3个18RMB、6个36RMB、12个60RMB、25个150RMB

纽约可爱的迷你杯子小蛋糕

Cupcake（杯子蛋糕）又称为仙女蛋糕，每一个小纸杯中都端坐着一个软绵绵的小蛋糕，蛋糕之上以奶油、糖霜等装饰成各种可爱而新巧的造型，正如小仙女施了魔法一般，美艳到让人不忍入口。

而杯子蛋糕也是美国人最喜爱的传统甜点之一，几乎大部分的女孩都会制作杯子蛋糕。纽约最著名的杯子蛋糕当属被《欲望都市》（*Sex and the City*）捧红的Magnolia Bakery，但其过于甜腻的口感并非我的挚爱，而Baked by Melissa出品的小巧又可爱的迷你杯子蛋糕以一抹梦幻般的绚彩在纽约刮起了迷你美食旋风。

Baked by Melissa是一家专营纽约杯子蛋糕的连锁糕点店。它家五彩缤纷的杯子蛋糕造型小巧迷人，真的是捧在手心里怕碎了，含在嘴里怕化了。比起正常大小的杯子蛋糕，Meilssa的杯子蛋糕犹如玩具店中的小模型，每一个都

做得非常精致，让人不由得心生怜爱。

Meilssa的杯子蛋糕有十多种不同的口味，而且每个月或每个季度都会增加一些限时的特别口味。客人还可以到Meilssa的官网定制自己设计的个性化迷你杯子蛋糕。这里每一款迷你杯子蛋糕的馅料和装饰都有所不同，如薄荷巧克力味道的杯子蛋糕上会以薄荷糖霜和巧克力豆加以点缀；而巧克力系列的迷你杯子蛋糕以巧克力软心做内馅，蛋糕、脆皮、糖霜则各不相同。

不要小看如此娇俏的杯子蛋糕，其用料和制作可不比一个正常大小的杯子蛋糕少。一个迷你杯子蛋糕从装饰到馅料常常要变换四五种口味。当女生们翘着兰花指，拿起一个迷你小蛋糕送入嘴中时，不仅外表看上去优雅又迷人，而且小蛋糕口感很新鲜，松软而湿润，糖霜绵密又细腻，而最重要的一点就是不会太甜腻。

纽约绝大多数的杯子蛋糕对于亚洲食客而言都有些"甜死人不偿命"的感觉，而

Baked by Melissa的迷你杯子蛋糕在甜度的控制上掌握得刚刚好，既可以愉悦人心，又不至于有齁甜齁甜的感觉。

Baked By Melissa的杯子蛋糕以三只起卖，一般客人都会买一打不同口味的迷你蛋糕，店员还会为客人准备一张"口味清单"。消费者如果不知道迷你蛋糕的味道可以查看对应的图片，不过随意拿起一个杯子蛋糕，享受猜谜的快感也不错。迷你小蛋糕被装在精致的白色小盒中，再用透明的磨砂塑料包装袋套好，看起来高档又时尚。

Baked By Melissa在纽约有12家分店，如中央车站、时代广场、哥伦布圈等繁华地段均有店铺，不少外地游客都特地前去购买迷你杯子蛋糕作为纽约特色手信带给朋友。

巧克力杯子蛋糕

红丝绒杯子蛋糕

曲奇杯子蛋糕

西安名吃

地　　址：纽约45街西24号（24 W 45th St., NY 10036）

交　　通：乘坐地铁B、D、F、M号线到洛克菲勒中心（Rockefeller Center）站，步行10分钟

营业时间：11:00～20:30

人均消费：15～60RMB

火爆第五大道的肉夹馍与凉皮

在名店林立的第五大道旁有一家人气超旺的西安小吃店。每到午餐时分，这里就会排起长长的队伍，以至于过路的行人都会张望。30多种西安特色小吃的照片挂在墙壁上供客人点餐，而开放式的厨房则可以让客人目睹凉皮、扯面、肉夹馍的制作过程。

西安名吃的店面非常小，也没有服务员，客人点餐拿号后就在店中等待取餐。餐厅里面大概只有七八个面对墙壁的座位，但大多数人都是打包外带。这里爽滑又劲道的西安特色凉皮为4.5美元（约27RMB）一份，酸辣可口的岐山哨子扯面6美元（约36RMB），饼脆肉香的腊汁肉夹馍2.5美元（约15RMB），如此平易近人的价格，地道又美味的小吃，在曼哈顿中城算得上性价比非常高，难怪会吸引如此多的食客。这里的西安小吃，不只中国人喜欢，很多美国人也爱不释口，吃过之后就难以忘怀。

西安名吃缔造了纽约中餐界的一个神话，它是第一家让美国主流媒体、美国食客了解并喜爱上中国的陕西小吃的餐馆，并受到了《纽约时报》《华尔街日报》《纽约客》《福布斯》《福克斯新闻》等众多媒体的关注，在曼哈顿刮起了一股西安美食风。他家的肉夹馍甚至被评为纽约最美味的汉堡包之一。

2005年，西安名吃只是法拉盛（皇后区规模很大的华人社区）一个地下商城的小

吃摊，犹如国内大学城附近的简陋小食铺。小摊档是由一位来自西安的石姓师傅所开办的，因为他家的凉皮实在太出名，人们都叫他"老梁"。老梁的儿子大学毕业后子承父业，和老爸一起共同经营西安名吃，并将小店企业化，按照快餐店的经营模式，将中国的肉夹馍变成人尽皆知的中式汉堡。

现在西安名吃早已经走出华人社区，它将中国最传统的特色小吃结合了现代经营管理模式，发展为独具中国特色的快餐连锁店，美食版图扩展到了全纽约，目前开设了十家分店，六家在曼哈顿，两家在法拉盛，两家在布鲁克林。在第五大道旁，能看到如此多的美国人对中国的肉夹馍、凉皮赞不绝口，令人由衷地为博大精深的中华美食文化而感到骄傲。

美食推荐

凉皮
肉夹馍
岐山哨子扯面
羊肉泡馍

THE SEA GRILL

地　　址：纽约49街西19号（19 W 49th St., NY 10020）

交　　通：乘坐地铁B、D、F、M号线到洛克菲勒中心站，步行3分钟

营业时间：餐厅11:30～22:00（周一至周六），吧台16:30开始营业，周日休息

人均消费：250～500RMB

洛克菲勒中心最浪漫的海鲜餐厅

位于洛克菲勒中心的The Sea Grill被誉为全纽约最浪漫的海鲜餐厅之一。在这里，冬日可以透过玻璃窗欣赏到全美最高最美的圣诞树和著名的溜冰场。无数好莱坞爱情电影都在这里取景，它是情侣约会和求婚的圣地。而夏日，则可以坐在如天井般的户外就餐区，一边品尝海鲜大餐，一边享受被世界最著名的高楼群所环抱的愉悦。

洛克菲勒中心的广场前有一个半球形的玻璃房。人们走进如太空舱式的房间，坐电梯到地下一层，就来到了神秘的海底世界——著名的The Sea Grill海鲜餐厅。

The Sea Grill的主厨是生于日本长在夏威夷的日裔美国人Yuhi Fujinaga。他曾在日本、西班牙的多家米其林餐厅工作过，深受东西方美食文化的熏陶，再加上他从小就接触海鲜，对于海鲜的处理很有一手。

The Sea Grill的菜单每日都不一样，甚至午餐和晚餐的菜式也会临时调整，而这一切都取决于食材。Yuhi制作海鲜的秘诀就是让鱼虾成为真正的主角，让其鲜味自然流露。

每种海鲜都有各自最佳的食用时节，例如11月−3月就是Nantucket Bay Scallop（楠塔基特湾扇贝）最鲜甜的时候。楠塔基特湾扇贝是产于麻省楠塔基特岛的一种非常小巧、滑嫩的扇贝。它的鲜甜味道是任何调味料都无法企及的。Yuhi就依循着扇贝本身独有的清甜与鲜嫩，稍稍煎制后配以加入了黑松露油的土豆泥做底，无需复杂的调味，就将楠塔基特湾扇贝的柔软与细腻展现无遗。这种扇贝因其具有如黄油般入口即化的香滑口感而售价颇高。毫不夸张地说，别看那扇贝肉如此之小，却如同吸取了大海灵气之精华般，在你的舌尖翩翩起舞，清爽到沁人心脾。

The Sea Grill的海鲜来自世界各地，既有本地长岛的扇贝、蛤蜊，也有来自夏威夷的海鱼，日本的海胆，挪威的三文鱼等。Yuhi每日都会亲自检查海鲜的质量，如果发现货品不够新鲜，即使浪费也会立刻更换菜单。他每周都会到纽约联合广场的市集挑选新鲜的有机蔬果。Yuhi对待食材非常认

真，自然烹调出的菜品也相当出色。

虽然The Sea Grill的价位比一般的美式海鲜餐厅略高，但这里的食材并不是所有地方都可以吃到的。例如产于夏威夷的Kona Kampachi（黄尾鱼的一种），这种黄尾鱼的肉质比一般的黄尾鱼更加有弹性，口感更鲜美。它曾被《福布斯》杂志称为"The Wonder Fish"（奇妙的鱼）。这种鱼生活在夏威夷的深海海域，甚少受到污染，而且产量不多，因此在鱼市上的价格也颇高，只有如Sea Grill这样比较高档的海鲜餐厅才会购买这种鱼。

虽然The Sea Grill的餐单每天都会变化，但有一些传统的菜式还是会保留下来。例如每人29美元（约174RMB）的海鲜冷盘，汇集了当日最为新鲜的蛤蜊、生蚝、大虾、龙虾肉和蟹肉等。如果想专门品尝生蚝，这里也有来自全美各地的鲜美生蚝，每日精选四种当季蚝品，一周都不会重样。

除了无可挑剔的新鲜食材外，Yuhi充满创意的烹饪手法也是The Sea Grill吸引食客的

地方。以鹅肝香油浓汁配清香紫苏叶做汤底，再铺上细细的红白萝卜丝和中式的米粉，一道本该是平淡无奇的鲜柠腌黄尾鱼刺身竟被他也玩出了几分新意。传统的美式Crusted Trout（酥皮鳟鱼），他也进行了一些改良，将鳟鱼进行稍稍熏烤，使其有股淡淡的烟熏味道，再将面包粉中混合了杏仁粉、各种香料、黄油后包裹于鳟鱼鱼片之上，放入烤箱中烤至金黄酥软。面包粉的酥脆与鱼肉的鲜嫩滑嫩完美地融合在一起，晶莹剔透的橘红色的鳟鱼鱼子与新鲜的绿色沙拉为菜式更增添了几分清爽的口感。

尽管价格略高，但纽约的老饕食客还是会常来The Sea Grill吃海鲜。在电影场景中享受海洋的馈赠，还有比这更浪漫的晚餐吗？

香煎酥皮鳟鱼
海鲜拼盘
香烤海鲈鱼（菜单随时变换）

SMITH & WOLLENSKY

地　　址：纽约第三大道797号（797 3rd Ave, NY 10022）

交　　通：乘坐地铁6号线到51街（51st St.）站，步行5分钟

营业时间：11:45～次日02:00（周一至周五），16:30～次日02:00（周六至周日）

人均消费：300～600RMB

巴菲特最爱的牛排馆

纽约有非常多著名的高档牛排馆，但最早被中国客人所熟知的莫过于Smith & Wollensky。这里就是股神巴菲特每年举办天价慈善午宴的餐厅，也是纽约时尚界女魔头Anna Wintour所钟爱的牛排店。

曾经风靡全球，让无数少女为之着迷的电影《穿着普拉达的恶魔》（The devil wears Prada）里面有一个情节就是讲述女魔头指定要吃Smith & Wollensky的牛排的故事。Smith & Wollensky的名字经常出现在各种财经、时尚新闻、好莱坞大片中，让全世界都知道，在纽约有一家闪耀着光环的高档牛排馆。

这里的确是很多华尔街金融精英、时尚白领喜欢聚集的地方，在西装革履、觥筹交错间完成一次又一次权力与金钱的交易。但它也并非如此高不可攀，Smith & Wollensky的提前定位相对于纽约其他高档餐厅而言还算容易，而且每年它也都会参加纽约餐馆周，以平实的亲民价格供普通百姓享用美食。

位于第三大道和49街交叉口的Smith & Wollensky是一栋方方正正、白绿相间的建筑物，屋顶上插满了美国国旗，看上去倒有些像个政府机构。难怪有人开玩笑说此地是个权力之屋。

Smith & Wollensky与其他牛排馆在装饰上并没有太多区别，都是以胡桃木色为主基调。只是他家的墙壁犹如一面大大的光荣榜，上面张贴着名流政要与牛排馆的故事，里面还有很多信件、书函、文章等。这些熠熠星光恐怕是其他牛排馆无法企及的。

比起稍显沉闷和严肃的室内装饰，这里服务人员的态度倒让人感觉很温暖。美国大部分高档牛排馆的服务员都是年长的男性，Smith & Wollensky也不例外，他们身着统一的白色制服，系着白色围裙，专业而亲切地对待每一

位客人。

1977年，Smith&Wollensky在纽约开办了第一家牛排馆，随后又在芝加哥、波士顿、休斯顿、费城、华盛顿等地开设了多家分店。牛排馆的主人即不叫Smith，也不叫Wollensky，这两个名字只是店家随意从电话本里翻到而一时兴起所定。虽然名字很随便，但这里对于食材的选择可谓是严苛至极。

Smith&Wollensky的牛排全是采用USDA最高级别的牛肉。全美只有2%的牛肉可以被叫作顶级牛肉，而Smith&Wollensky则从这2%的牛肉中精选最上等的25%的牛肉，可谓是牛肉"精英"中的精英。

这里的牛肉采用干式熟成的方法，只有最好的牛肉才会使用这种耗时耗力的处理方法。Smith&Wollensky的牛排全部都是现场手工切割，即时吊挂风干，在风干房晾挂28天使得牛肉中的水分从肌理中蒸发出来，从而增强了牛肉的韧性和风味。而这里复杂而精密的恒温系统也保证了牛肉风干时既能产生天然酵素改变肌肉的组织结构，又不会产生坏的细菌来破坏牛肉的味道，这样熟成后的牛肉才会鲜嫩多汁。

Smith&Wollensky最为著名的招牌牛排就是32盎司的超大科罗拉多肉眼排，从1977年到现在一直都保留在菜单上，从未改变过。科罗拉多肉眼排是从107英寸（271厘米）长的牛胸肋肌处取下的最为鲜嫩的部位。而一头牛仅能取出9块重量相当、肥瘦合适的部位可以达到Smith & Wollensky科罗拉多肉眼排的标准。

　　Smith&Wollensky是使用煤气和电炉所混合的烤箱，当烤架达到了华氏800度高温（426摄氏度）后将牛排迅速放入烤架上，伴随着那美妙的滋滋声响，牛排的外部瞬间呈现出深棕色，而里面却还是鲜艳的粉色。牛排油脂遇热后所散发出的诱人焦香让人垂涎三尺。餐桌上会摆放着Smith&Wollensky自制的牛排酱料，但一般而言如此高级别的牛排，直接小片切开来吃就可以了。这里的牛排仅用粗盐和黑胡椒腌制过，食客可以用心体味细嫩与肥滑兼而有之的极品肉眼排，牛肉被风干熟成后的那种紧实与多汁，每一口都留下无尽的回味。

美 食 推 荐

肉眼排
小羊排
西冷牛排
奶油菠菜

　　Smith&Wollensky除了招牌肉眼排外，他们家的奶油菠菜、洋葱圈、土豆饼都是不错的配菜。

THE COUNTER

商 家 信 息

地　　址：纽约时代广场7号，41街与百老汇大道交接处

　　　　　（7 Times Sq., 41st & Broadway, NY 10036）

交　　通：乘坐地铁1、2、3、7、N、R、Q号线到时代广场（Times Sq.）站，步行1分钟

营业时间：11:00～23:00（周日至周三），11:00～24:00（周四），

　　　　　11:00～次日01:00（周五至周六）

人均消费：70～120RMB

私人定制巨无霸汉堡包

曾有中国网友以略带讽刺的诙谐语调描述着"舌尖上的美国"：汉堡，汉堡，还是汉堡。来美国的确应该吃汉堡，但千万别太小瞧了美式汉堡。它们也是分地域、分口味、分档次的！曼哈顿时代广场就有一家高大上的私人定制汉堡店 The Counter。

虽然汉堡只有面包、肉饼、酱料加配菜，但它却可以变化出312000种不同的搭配。在Counter，每一个汉堡都是与众不同的，客人可以定制出自己的"专属"汉堡。

The Counter汉堡店看上去非常酷炫，白色的圆球灯饰参差不齐地挂落于屋顶，有些像时代广场的新年水晶吊球。汉堡店内永远都是人头攒动，当食客还在排队等位时，服务员就会递上一张表格和一支小铅笔，让人仿佛又回到了学校，看着密密麻麻的选项，开始了一场餐前考试。

这张表格就是私人定制汉堡的订单，首先要选择肉饼大

小，可选1/3磅、1/2磅或1磅；然后再选肉饼的种类，牛肉、鸡肉、素食、火鸡肉或吞拿鱼等，既可以加面包成为汉堡，也可以瞬间变身为沙拉。

第二步就是选择芝士，普通芝士就有八种，如我们在快餐店常见的American Cheese（美式芝士），Swiss cheese（瑞士芝士），Cheddar（切达干奶酪）等，还有一些比较特别的芝士，如Blue Cheese

（蓝芝士）、Goat Cheese（羊奶芝士）、Mozzarella（意大利白干酪）等，需要额外加75美分（约4.5RMB）。

第三步就是选择酱料了。一般的汉堡就只有番茄酱和芥末酱，但这里却有24种酱料，墨西哥辣椒、蒜蓉酱、香辣鸡翅酱、泰式花生酱、BBQ烧烤酱等。如果一种酱料觉得太单调，你可以选择三种酱料套餐。但我并不建议加入太多的酱料，味道会变得过于复杂。

第四步则是选择夹在汉堡中的配菜。这一步就是让汉堡包变得巨大无比的关键了。食客可以无限制地加入配菜，这有点像必胜客的沙拉自助吧。28种基础配菜可以全部加入，试想一下当汉堡变成沙拉是何等的壮观。除了各种蔬菜、烤菠萝外，还可以将煎蛋也加入到汉堡中。

如果这28种免费配菜都无法满足你，The Counter还为客人准备了17种特别配菜，包括牛油果、培根肉、火腿肉等。这全能的汉堡，它简直就是集蔬菜沙拉、水果沙拉和早午餐于一体啊！

　　而第五步就是选择面包。一般的汉堡包就是搭配普通的圆面包，但The Counter却为客人准备了杂粮面包、英式松饼面包、椒盐脆饼面包等。如果这样的一个超级大汉堡还不能满足大家的胃口，还有薯条、沙拉等相配。

　　当食客因为贪心而加入太多配菜，使得汉堡的厚度远远超越了嘴巴张开的极限时，我们就会看到这样一幕：大家都在用刀叉含蓄地吃汉堡。也许

只有在The Counter，人们才会将汉堡当作牛排来享用。

　　有的人喜欢多种选择，但有的人却有选择障碍。The Counter也为喜欢简单的朋友提供了他们家的招牌汉堡，无需客人做出繁复的选择，大厨为客人做出了最好的搭配。

　　The Counter的汉堡肉饼鲜嫩多汁，还散发着炭火的焦香气息，除了汉堡本身的味道不错外，在这里吃汉堡也是一种非常有趣的体

验。丰富的配菜既让客人感觉非常满足，还有一些"私人定制"的优越感。

自选汉堡

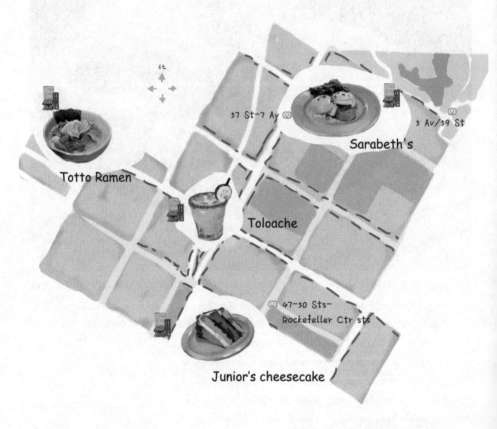

北

57 St-7 Av

5 Av/39 St

Sarabeth's

Totto Ramen

Toloache

47-50 Sts–
Rockefeller Ctr sts

Junior's cheesecake

中 城 东

TOLOACHE

商 家 信 息

地　　址：纽约50街西251号（251 W 50th St., NY 10019）

交　　通：乘坐地铁1、C、E号线到50街（50th St.）站，步行1分钟

营业时间：11:30～22:00（周日至周一），11:30～23:00（周二至周四），
　　　　　11:30～24:00（周五至周六）

人均消费：100～300RMB

百老汇剧院旁的香辣墨西哥餐厅

纽约有大量的墨西哥移民，西班牙语成为这里运用最为广泛的第一外语。香脆可口的玉米饼、包裹着香喷喷烤肉的卷饼早已根植于纽约，如同热狗一般遍布于大街小巷。美国有经营墨西哥卷饼的连锁店Taco Bell和另一个以墨西哥烤肉为主的连锁品牌Chipotle，墨西哥食物以其平易近人的价格、其貌不扬的外表、回味无穷的味道被冠以最受欢迎的平民美食。

墨西哥菜就如墨西哥人一般，以"火辣"著称。墨西哥是辣椒的原产地，菜肴的香辣程度可见一斑，再加之墨西哥人热情奔放的性格，享用墨西哥佳肴一定不能过于拘束，须大口吃菜，大口喝酒，摇摆身姿随乐而舞才能尽性。喜欢重口味的朋友一定要试试位于时代广场的墨西哥餐厅Toloache，它是纽约著名墨西哥大厨Julian Medina开办的新派墨西哥餐厅和龙舌兰酒吧。

自2007年Toloache在时代广场的剧院区开业以来，就成为该地区最为火爆的热门餐厅之一。餐厅内充溢着浓郁的墨西哥风情，墨西哥人最钟爱的黄色是餐厅的主色调。彩色

的墙壁上挂着编着麻花辫的墨西哥少女壁画，还有象征着爱情的Toloache花卉图案。

Toloache的墨西哥菜或许会颠覆人们对墨西哥佳肴粗犷又随性的偏见。Julian Medina对传统的墨西哥菜进行了别具创意的改良，运用法式烹饪技艺，结合地道的墨西哥食材，全新解读精致的新派墨西哥菜。

在这里，大家可以品尝到地道的Guacamole蘸酱

（这是一种以牛油果为原料的蘸酱，通常配以酥脆的玉米片），它是这里最受欢迎的前菜。Toloache有三种不同辣味的蘸酱，传统牛油果蘸酱属于微辣，里面有番茄、洋葱、香菜等；而中辣的Guacamole则加入了泰式的九层塔、芒果、苹果、石榴等，香辣中带有水果的清甜；大辣则是加入了真正的墨西哥辣椒的蘸酱。其实相对于墨西哥人的口味，这里的辣度显然是

有所降低，即使是大辣也还是可以承受。吃的时候，将玉米片蘸着浓稠的牛油果酱汁，玉米片的香脆和蘸酱的绵密正好合二为一。

Ceviches（酸橘汁腌鱼）也是Toloche点击率非常高的一道前菜，用柠檬汁和胡荽汁将生鲜腌制到半熟，这种全天然的腌制方式不但让海鲜呈现出特别的鲜味，而且还特别清爽开胃。

他家有一款类似于披

萨的薄饼，上面铺有黑松露末、曼彻格芝士、玉米粒和墨西哥特色的Huitlacoche酱汁，趁着刚刚出炉时的热气，迅速咬上一口，饼皮酥脆异常，而上面的芝士和松露香气则让人魂牵梦绕。

数十种不同配料的Taco（脆玉米饼皮）和Burrito（软玉米饼皮）绝对让你挑花了眼，墨西哥烤肉味道浓郁，绝对值得一试。这里的Taco和Burrito里面包着各种烤肉，从烤鸡胸肉、香辣烤鱼、烤虾、烤小排，到墨西哥特色腌制的干蚱蜢，应有尽有。除了主菜外，还配有米饭和黑豆，一个卷饼就囊括了所有的食材，吃起来方便又美味。

来到这里，除了享用墨西哥特色美食外，以墨西哥国酒龙舌兰为基酒调配的鸡尾酒也不可不试。Toloache的龙舌兰酒全部来自墨西哥，搭配着各种热带水果和果汁，龙舌兰的浓烈香醇暗藏于甜蜜的水果之中，与香辣可口的墨西哥佳肴完美配搭。这样别具一格的异域风味会让你整个胃部都沸腾起来。

美 食 推 荐

墨西哥脆玉米饼皮

Guacamole蘸酱

Ceviches腌生鲜

龙舌兰酒

JUNIOR'S CHEESECAKE

地　　址：纽约45街西，百老汇大道和第8大道之间（West 45th St.,
　　　　　between Broadway and 8th Ave., NY 10036）

交　　通：乘坐地铁A、C、E、S号线到42街（42 St.），步行3分钟

营业时间：06:30～24:00（周一至周四），06:30～次日01:00（周五至周六），
　　　　　06:30～23:00（周日）

人均消费：60～180RMB

纽约排名第一的芝士蛋糕店

Ny Cheesecake被认为是纽约最具代表性的甜点，它与美国其他地方的芝士蛋糕有所不同，底层饼干碎特别薄，而芝士却相当醇厚而扎实。纽约的芝士蛋糕以"重口味"著称，其货真价实的芝士含量让其他地方的芝士蛋糕都相形见绌。而纽约芝士蛋糕的领军品牌就是最负盛名的Junior's Cheesecake。

1950年，Harry Rosen在布鲁克林创建了Junior's。半个多世纪以来，Junior's被纽约人奉为最好吃的芝士蛋糕。它就犹如一个美食地标一般屹立于布鲁克林弗莱布许大道（Flatbush Ave）和迪卡尔布大道（DeKalb Ave）的转角处，这里常年都挤满了来自世界各地慕名而来的食客。

Junior's cheesecake的原料其实非常简单，只有Cream Cheese（奶油芝士）、鸡蛋、Sour Cream（酸奶油）和糖，它按照最为传统的方式来制作芝士蛋糕，50

多年来味道都不曾改变过。而就是如此简单的原料和大家众所周知的制作方法，却烘焙出了纽约几代人的"心中挚爱"。毫不夸张地说，这里的芝士蛋糕只要小小的一口就能掳获你的味蕾。它的细腻与浓郁就在悄然之间慢慢滑过舌尖，瞬间化作一团奶香气息萦绕于口中，神不知鬼不觉地留下了美味记忆。如此之后就步步为营地攻陷日益薄弱的控制力，卡路里、脂肪、减肥等便通通抛到一边。有时，我都有些痛恨Junior's Cheesecake，本来只是想浅尝辄止，如何就变成了"泥足深陷"。

这里的芝士蛋糕分为传统口味和时令特选。传统的口味有原味、巧克力味、草莓味、蔓越莓味等，还有芝士蛋糕与布朗尼蛋糕、英式脆饼等融合在一起的夹层芝士蛋糕。另外，Junior's cheesecake还会在圣诞节、感恩节推出带有浓浓节日色彩

的特色芝士蛋糕。如果第一次尝试Junior's Cheesecake可以选择Best of Junior's 8 Sampler，里面汇集了八款该店最受欢迎的芝士蛋糕，每一种都别具风味。

为了让更多人能尝到地道的纽约芝士蛋糕，Junior's在曼哈顿中央车站的底层美食广场设立了一个小摊位，并且在时代广场的中心也开办了一家美式餐厅。

在纽约，只有重要的节日或庆典，女主人们才会在家里烘焙芝士蛋糕。芝士蛋糕在某种意义上是家庭团聚的象征，而以芝士蛋糕为招牌的Junior's则将浓浓的亲情和暖意带到了餐厅。就连这里的服务员也如同对待家人一般和客人热情地打招呼。如果说纽约是一个陌生人的剧场，那么Junior's则瞬间让来自世界各地的人们在这里临时找到了一个甜蜜的家。

Junior's的就餐氛围很轻松愉悦，长长的吧台上悬挂着几块电视屏幕，常年播放着各种体育赛事。经常能看到美国男人们在这里一边

看球，一边喝着啤酒，阵阵欢呼声此起彼伏。

这家餐厅以传统的美式家常菜为主，例如各种美式烧烤、汉堡、三明治、香酥炸鸡，还有土豆薄饼、自制苹果酱、肉糜糕等，所以在这里可以体验到美国平民百姓的饮食。

牛肉三明治，烤得酥脆的面包夹杂着一层层薄薄的咸牛肉片和香醇的芝士片。Meat Loaf（肉糜卷）则是美式传统家常菜，几乎每个美国的家庭主妇都会煮这道菜。肉糜卷被烤制得细腻多汁，再浇上附送的肉酱汤，浓郁的香味让人食指大动。而这里的"专属美味"则是用油炸的土豆薄饼做底，夹杂着超级厚实的卤牛肉片，再浇上咸香的肉汁和酸甜的苹果泥一起吃，是非常有趣的一道菜肴。这里菜式的分量非常大，一份主菜基本可以够两人吃，而且价格也不贵。

美 食 推 荐

肉糕
Reuben牛肉三明治
芝士蛋糕

TOTTO RAMEN

商 家 信 息

地　　址：纽约52街西366号（366 W 52nd St., NY 10019）
交　　通：乘坐地铁1、C、E号线到50街站，步行3分钟
营业时间：12:00～24:00（周一至周六），12:00～23:00（周日）；每日16:30～17:30休息
人均消费：60～120RMB

纽约人气爆棚的日式拉面馆

纽约有数十家日本拉面馆，这种简单、平价又暖身暖心的汤面深受人们的喜爱。在众多拉面馆中，有一家名为Totto（鸟人）的拉面馆最受追捧，生意也最为火爆。从开门到打烊，门前的队伍就从未间断过。缺乏耐心的纽约人，在这里都会收起那份气躁，心平气和地等待数小时，谁叫那味道让人一吃难忘呢！

一直好奇为何日本人会取"鸟人"为名，听上去似乎不雅，吃过之后方才明白。日文字里是用"鸟"字来代表

"鸡"。此拉面馆的一大特色就是用几十只整鸡长时间熬成的浓汤为底，汤内还加入了甜甜的白洋葱，这才成就了"鸟人"无比香郁醇厚的汤头。纽约绝大多数日本拉面馆多用猪骨（又称"豚骨"）做汤底，虽然浓郁却略显油腻。而唯有"鸟人"拉面真正做到了鲜而不腻，单喝一口浓汤就足以沁入心脾，回味良久。再加上这里的拉面煮得软硬适中、弹性十足，汤与面颇有灵性地融合在一起，吃过之后让人酣畅淋漓，全身通透。

"鸟人"拉面的种类并

不太多，人们大都是冲着招牌鸡汤拉面而去的。拉面之上可以选择搭配两块鸡肉或叉烧肉，叉烧肉的口感往往会更胜一筹。

如果有幸坐在吧台位子上，就可以亲眼观看厨师是如何烧制叉烧肉和煮面的。这里的叉烧肉做了特别贴心的处理，厨师先用喷枪将肥瘦相间的日式叉烧周围用小火微微烤制过，肥肉的油脂会顺着铁板滴答于火焰之上，嗞嗞声四起。

微炙过后的叉烧肉片不仅少了一些油腻，吃起来齿间还满溢着诱人的焦香。一碗普通鸡汤拉面的标配是两片肥而不腻的叉烧肉片、一大片海苔、一些绿油油的葱丝，还有汤中浮着星星点点的白洋葱末。如果觉得略感单调，菜单上还会提供很多额外的配菜选择，如自制的辣油、日式温泉蛋、干笋丝等。

"鸟人"拉面馆位于地下室中，店面非常狭小，仅能容纳20人左右。

特别提示：这里只接受现金付款，且不接受定位。

鸟人招牌拉面
叉烧刈包

SARABETH'S

地　　址：纽约59街40号，中央公园南面
　　　　　（40 59th St., Central Park South, NY 10019）
交　　通：乘坐地铁N、Q、R号线到第五大道/59街站，步行1分钟
营业时间：08：00～23：00（周一至周六），08：00～22：00（周日）
人均消费：100～200RMB

纽约最著名的早午餐

想要在纽约度过一个完美周末，那一定要从一顿丰盛而闲适的Brunch（早午餐）开始。纽约人习惯了快节奏的紧张生活，只有到了周末才会放松下来，暂时忘记生活、工作的压力，和亲朋好友来到街头的咖啡馆或小餐厅静静享用幸福的早午餐。

就如同香港的早茶、上海的生煎包、武汉的热干面，早午餐已经成为这个城市的文化标记，它描绘着纽约刚毅轮廓下的柔和与浪漫。在纽约，不乏美味的早午餐，这里有太多餐厅提供相似的早点。但名气最大，几乎成为纽约"早午餐"代名词的是一家名为Sarabeth's的连锁餐厅。

1981年，Sarabeth和丈夫在曼哈顿上西城开了一家小小的糕点店，这里的自制果酱、新鲜的马芬蛋糕、曲奇饼干深受客人喜欢。随后，Sarabeth逐步将糕点店扩展为餐厅，主要经营纽约式的早午餐。如今Sarabeth's已经有11家分店，其中在曼哈顿有7家店，佛罗里达1家，马萨诸塞州1家，另外2家在东京。

在Sarabeth's众多分店中，位于纽约中央公园附近的这家餐厅人气最高。每到周

末，餐厅外面都挤满了前来享用早午餐的人们。这里除了有一如既往广受好评的早午餐，还有中央公园所赋予的那份静谧与祥和。透过落地玻璃窗，温暖的阳光洒入屋内，白色的棉质桌布、柔和的橘色灯光、墙壁上复古的老照片……雅致的气息让人感到很舒服。

如果碰巧圣诞节前光顾Sarabeth's，你还能看到天井下的白色圣诞树，餐厅内别有洞天的蜿蜒设计营造出无比浪漫的氛围。在这里享用早午餐，品味的不仅仅是食物，而是那份放松的心情，一段幸福的时光。

Sarabeth's最著名的招牌饮品是Four Flowers Juice（四色花汁），用新鲜的橙子、菠萝、香蕉还有石榴四种水果鲜榨而成，不仅营养丰富，而且用料十足，喝起来酸酸甜甜，很是开胃。

这里的早午餐有两大类：甜味和咸味。如果喜欢甜蜜早餐可以选择配有新鲜草莓的柔软酪乳薄饼、酥脆可口的椰子味华夫饼和充满秋日味道的肉桂苹果法式吐司。而另一类则是以鸡蛋为主角的纽约经典早餐。鸡蛋是纽约人最爱的早点食材之一，可以做成炒蛋、煎蛋、蛋饼，还有一种叫作Benedict Egg（班尼迪克蛋）。

班尼迪克蛋是纽约首创的特色早餐，以英式松饼为底，配上软嫩的温泉蛋、火腿、蟹肉、菠菜、烟熏三文鱼等，上面再淋上奶香浓郁的荷兰蛋黄酱。班尼迪克蛋的美妙在于用餐刀切开鸡蛋的那一刻，蛋液倾泻而下，透过三文鱼流向松饼，三文鱼的咸鲜、荷兰蛋黄酱的香醇、温泉蛋的无敌滑嫩，还有菠菜的清香，绝佳的组合轻抚着舌尖，润滑着每一寸味蕾，真有些如沐春风之感。

Sarabeth's的马芬蛋糕、可颂面包或者司康等糕点都是新鲜出炉，配上自制果酱口感非常棒！吃完一顿丰盛的早午餐之后，大家可以到对面

的中央公园散步或者去第五大道血拼，尽情享受纽约美好的一天。

美 食 推 荐

酪乳薄饼
烟熏三文鱼班尼迪克蛋
四色花汁
肉桂苹果法式吐司

Gray's Papaya

81 St-Museum

北

72 St

Atlantic Grill

Alice's Tea Cup

Porter House

Whole Foods

68 St-Hunter College

Grom Gelato

5 Av/59 St

哥伦布区

PORTER HOUSE

商 家 信 息

地　　址：纽约哥伦布圆环10号，时代华纳大楼4楼（10 Columbus Cir, 4/F, NY 10019）
交　　通：乘坐地铁A、B、C、D、1号线到59街哥伦布圆环（Columbus Cir）站，步行2分钟
营业时间：11:30～22:00（周日至周三），11:30～23:00（周四至周六）
人均消费：180～400RMB

哥伦布圈的美式牛排店

哥伦布圈可谓是纽约最美味的圆环，这里的时代华纳中心（Time Warner Center）囊括了纽约多个米其林三星餐厅：Masa, Jean Georges, Per Se, Le Bernardin，还有著名的牛排馆 Porter House New York。这里不仅是房地产商争夺的黄金地段，也是纽约知名大厨登上顶级餐厅的重要阶梯。尽管名店林立，但由纽约传奇大厨Michael Lomonaco所主理的Porter House New York还是在这里闯出了一番

天地，被Zagat评选为2014年纽约最佳牛排馆之一，并以味道、服务、环境等多个高分考评跻身前四名。

Michael Lomonaco曾是世贸中心著名的The Windows on the World（世界之窗）的主厨。全玻璃外墙的The Windows on the world可以俯瞰整个曼哈顿岛，当年可是曾被誉为"世界之巅"的顶级餐厅。然而，随着"9·11"双子塔的轰然倒下，这座享誉国际的著名餐厅也随之灰飞烟灭。五年之后，幸运逃过一劫的主厨Michael Lomonaco与The Windows on the World的幸存员工一道在时代华纳中心开办了这家美式经典牛排馆Porter House New York。它也许不再高耸于云端鸟瞰曼哈顿，但却被宁静而祥和的中央公园所环抱，那份大气与坚毅却从未改变过。

从21 Club, The Windows on the World到Porter House NY，主厨Michael Lomonaco都坚守着美式或者准确地说是纽约菜式的精髓。之所以将餐厅起名为Porter House，是因为Michael认为Porter House（牛肩胛肉）最能代表纽约式牛排。

Porter House New York是非常典型的商务餐厅。时代华纳中心不仅交通十分便利，而且周围汇聚了不少知名大公司，加上餐厅本身气派却不失典雅的设计，使之成为很

多企业宴请客人的首选。人们
还可以透过玻璃窗看到哥伦布
圈广场和中央公园的绿树成
荫。望着窗外的美景，吃着地
道的纽约牛排，品着长岛美
酒，在如此怡人的环境下谈工
作也不至于太过沉闷。

Porter House New
York还专门为客人提供了经
济又实惠的商务午餐，三道
菜套餐也只要24.07美元（约
145RMB）。主菜的选择有
肉眼排配薯条、慢烤三文鱼
排、Amish农场烤鸡，还有沙
拉、浓汤等头盘，加上三款甜
点任选一道。

Porter House New York
牛排全部来自南加州的布兰特
农场出产的USDA认证的高品
质牛肉。全美只有2%的牛肉经
过USDA认证为顶级牛排，只
有这样的牛肉才能烹制出鲜嫩
多汁的牛排。

他家的Dry-aged Rib
Eye肉眼排是用顶级风干熟成

牛肉，自然控水达到45天，肉
质非常鲜嫩、有弹性。这里的
牛排品种比较多，有肉质较粗
但肥腴滑嫩的纽约客牛排，或
者油花不多但精瘦细腻的菲力
牛排，或者两者兼而有之的招
牌Porter House———一半是脂
肪含量非常少的菲力牛排，一
半是有嫩筋且肥软滑润的纽约
客牛排。Porter House就是集
细腻与粗犷于一体，不仅分量
颇大，而且可以品尝到嫩中带
腴的独特口感。

美 食 推 荐

肉眼排
Porterhouse牛排
汉堡
香煎三文鱼

WHOLE FOODS

地　　址：纽约哥伦布圆环10号，时代华纳大楼地下一层
　　　　　（10 Columbus Circle, NY 10019）
交　　通：乘坐地铁A、B、C、D、1号线到59街哥伦布圆环站，步行2分钟
营业时间：07:00～23:00

纽约人最爱的有机食品连锁店

如果说平价的Trade Joe's超市是学生们的最爱，那么来自德州的高端有机食品连锁店Whole Foods则是纽约中产阶级的后花园。这里出售不含转基因和人工色素的全天然健康绿色食品。这里的海鲜、家禽、水果、蔬菜、面包等都是有机食材，通过"农场到餐桌"的饮食观念为人们重塑返璞归真的健康生活。

Whole Foods倡导人与自然和谐共处，形成一个良性的食物链和生存空间，它售卖的不仅仅是绿色食物，而是一种健康的生活方式，而这种高品质的生活模式正是纽约人所追求的。

当Whole Foods一经出现，"环保""健康"等关键词就如同磁铁般深深吸住了纽约人，瞬间在纽约刮起了一股"绿色风暴"。而对大型超市颇为抵触的纽约客也立刻成为Whole Foods的忠实粉丝。遍布全美国的大型超市沃尔玛

以低价著称却难以进入纽约市场，虽说Whole Foods的商品价格是普通超市的好几倍，但它支持本地小农场、手工作业和环境保护的企业文化却被美国社会大加赞赏，曾屡次被评为全美最有社会责任感的企业之一。

1978年，25岁的退学学生John Mackey和21岁的Rene Lawson从家人和朋友那里借来了45000美元，在家乡德州奥斯汀开了一家小小的食品

店，起名叫作Safer Way。两年之后，他们与其他两位合伙人将Safer Way扩大，开办了第一间Whole Foods杂货店。随后，Whole Foods开始迅速扩展，从德州到加州，再到纽约，直至加拿大、英国，他们将高质量的健康生活理念传播到了全世界。

在Whole Foods购物，人们可以完全放心食品安全的问题，这里的肉食家禽不含任何催生荷尔蒙和抗生素，在鸡鸭

的饲养过程中也特别注意它们的健康和生活状况，最后采取的也是"人道"的宰杀方式。Whole Foods对其产品严格把关，保证不销售无性繁殖的家禽及其制品，就连检测标准颇高的美国食品药品管理局FDA都宣布Whole Foods的产品可以放心食用。

纽约有六家Whole Foods超市，在这里除了售卖各种有机食品、营养品、鲜花、美酒外，还有专门的熟食

柜台，以及按磅称重的自助餐、寿司吧台、烘焙坊等。在Whole Foods几乎可以购买到所有的生活必需品。很多纽约人宁愿在其他的方面节省一些，也愿意付高价到这里购买食物。

这里的食物不仅健康卫生，而且还有不少必吃的美味。他们家的抹茶麻薯冰淇淋，外面QQ糯糯，里面的抹茶冰淇淋香气浓郁，而且清新滑爽。100%椰子原汁制作的椰子水，那清甜的味道让你仿佛瞬间来到普吉岛的海边。用玻璃瓶装的Straus牛奶是100%认证的有机牛奶，但比普通的有机奶更为滑爽，奶香更浓郁，有点像儿时所喝到的浮着一层薄薄奶皮的鲜奶。另外，还有来自科罗拉多大农场的超浓稠美味酸奶。

Whole Foods向客人完美地诠释什么是高品质的食物。如果来纽约游玩，一定要在Whole Foods购物一次，宽敞舒适的购物环境，健康美味的食品让"买菜"变得如此惬意。

GROM GELATO

商家信息

地　　址：纽约58街1796号，百老汇大道与第七大道间，哥伦布环旁
　　　　　（1796 Broadway 58th St., NY 10019）
交　　通：乘坐地铁A、B、C、D、1号线到59街哥伦布圆环站，步行4分钟
营业时间：夏令时间11:00～23:30（周五、周六延长至00:30），
　　　　　冬令时间12:00～23:30（周一至周四），11:00～24:00（周五至周日）
人均消费：25～40RMB

香滑可口的意式冰淇淋

曼哈顿街头不少杂货店或小餐厅门口都会摆放一个Gelato（意式冰淇淋）冰柜，但这些冰淇淋根本不能和意大利本土品牌Grom相提并论。来自意大利的冰淇淋品牌Grom进入纽约后，让纽约人体味到了美式冰淇淋无法比拟的绵软和香滑。

Grom可是意大利最为著名的意式冰淇淋品牌连锁店。Grom不仅在意大利有众多分店，还在纽约、加州、东京和大阪都有分店。在追求手工作坊经营理念的意大利开办意式冰淇淋连锁店绝非易事。遍布街头巷尾的意式冰淇淋小店就如同纽约的热狗餐车一样普通常见，但却都没有创立品牌。唯有Grom走出了意大利，将最正宗和美味的意式冰淇淋带到了世界各地。

Grom以慢食理念出发，严格精选最上乘的食材。冰淇淋以天然有机水果、坚果、牛奶、鸡蛋、巧克力等为原料。Grom所有的食材都来自意大利的Mura Mura有机农场。这里的冰淇淋不添加任何色素、香精或化学试剂。就连制作冰沙的水都是采用的意大利原产的高品质矿泉水。

Grom的意式冰淇淋除了传统的巧克力、开心果、咖啡等口味外，它还会根据季节的变化，使用时令水果推出每月特选味道。浓郁奶香的冰淇淋融合着果肉的颗粒感，口感新鲜又顺滑。Grom的意式冰淇淋拥有一般冰淇淋无法媲美的细腻口感。不含任何水分的意式冰淇淋吃起来浓郁却不甜腻，而且脂肪含量低，既可以满足口腹之欲，又不用担心过高的卡路里。

除了好吃的意式冰淇淋外，这里还有非同凡响的热巧克力。与其说是热巧克力，倒不如说是融化之后的巧克力岩浆。热巧克力有四种选择：黑巧克力、牛奶巧克力、热巧克力配榛子饼干和热巧克力配冰淇淋。

纽约的冬日非常寒冷，人们喜欢喝一杯热乎乎的巧克力奶驱寒，但大部分的热巧克力都只有甜味，而没有巧克力的香滑。唯有Grom的热巧克力完全颠覆了人们对巧克力奶

的固有印象。这里的热巧克力不是用一般的速溶巧克力粉制作，而是用含量颇高的顶级可可粉加入了鲜奶慢慢熬煮而成。

望着窗外片片飘舞的雪花，喝一口Grom的热巧克力奶，一种如丝般顺滑，浓稠而香醇的液态巧克力岩浆就会慢慢拂过你的舌头，带着热气滑过喉咙，继而流淌入胃中，一种莫名的幸福感油然而生。无论是冬日还是夏天，在Grom都能找到合乎心意的甜点。这里紧邻著名的中央公园，坐在公园的草地上，品尝着如此美味的意式冰淇淋，望着城市中的一抹翠绿，任何愁云都会消散。

Gelato意式冰淇淋
热巧克力奶

ATLANTIC GRILL

地　　址：纽约64街西46号（49 W 64th St., NY 10023）
交　　通：乘坐地铁1号线到66街林肯中心（Linclon Center）站，步行3分钟
营业时间：11:30～22:00(周一)，11:30～23:00（周二至周四），
　　　　　11:30～24:00（周五），11:00～24:00（周六），11:00～22:00(周日)
人均消费：150～300RMB

林肯中心对面美式海鲜大餐

纽约有很多吃海鲜的地方，曼哈顿林肯中心附近就有一家以纯正美式风味海鲜而闻名的海鲜餐厅Atlantic Grill。这里的海鲜无需繁复的烹调就能拥有让人心动的美味，而且价格也非常适中。咫尺之隔便是纽约最著名的林肯中心音乐厅。欣赏过纽约芭蕾舞团的音乐剧后，来这里品味一次正宗的美式海鲜，近距离地感受纽约的迷人气质。

1998年，Altanic Grill餐厅在曼哈顿上东城的中央公园附近开设了第一家餐厅。随后被著名餐饮酒店集团 BR Guest Hospitality收购，并在林肯中心附近开办了分店。BR Guest Hospitality主要经营美式风格的高档餐厅，纽约众多顶级的牛排店、海鲜餐厅都隶属于其下。

Altanic Grill延续了BR集团餐厅一贯的好莱坞美式风格。温暖的橘色灯光，略泛黄色的照片镶嵌于黑白相框之中，深棕色的橡木桌椅、吧台，60年代复古的红色皮制沙发椅，眼前的一切都如同进入了《广告狂人》（*Mad Men*）的摄影棚，经典的美式风格让人备感亲切和温馨。

这里的菜肴很美式、更纽约，它既有最为传统的美式海鲜拼盘、香烤海鱼、香煎扇贝、缅因大龙虾等，又有纽约人酷爱的寿司吧台，各种新派寿司卷、刺身让你享用不尽。

美式海鲜的首选就是Raw Bar（生鲜吧），和日式的刺身不同，这里的生鲜吧以生蚝、蛤蜊、冰冷龙虾和大虾为主。一盘三层的生鲜拼盘犹如一个瞬间凝结的海底世界，各种张牙舞爪的海中精灵好像被定格在最活跃的时候。一切都依旧如初，那鲜艳的色彩，带着海鲜的清新，每一口都润滑无比。新鲜的蛤蜊挤入少许柠檬汁，轻轻一吸就滑入嘴中，那富有弹性的柔软身躯将鲜甜清爽慢慢释放，让人回味无穷，怎一个鲜字了得。

除了必试的生鲜吧外，这

的煎扇贝，传统的蒸煮缅因龙虾（自己可以选择烹饪方式），当然也有一两款牛排的选择。无论是一个人还是一群朋友来吃饭，Altanic Grill都非常贴心地根据菜肴分量设计了适合的菜单。

虽然是美式餐厅，但Altanic Grill使用的海鲜烹饪技巧却非常多元化，如海鲜Ceviche。这是一种南美国家常见的海鲜烹制做法——将生海鲜放入柠檬、青柠中腌制，海鲜的表面借助酸性物质而慢慢熟成，而里面却还是生的。这样不仅能增加海鲜的味道，而且比烤制或水煮更能保持海鲜的鲜嫩度。

里还有各种海鲜小吃、主菜等，选择非常多。前菜或者下酒菜可以选龙虾吐司、天妇罗大虾，先用海鲜来清清口味；再来点小菜，可以几个人分享一盘龙虾春卷、虾饺或者蟹糕作为热身；继而有大盘的主菜香煎三文鱼，以龙虾汤头做底

海鲜拼盘

香煎扇贝

缅因龙虾（自选烹饪方式）

寿司吧

ALICE'S TEA CUP

商家信息

地　　址：纽约73街西102号（102 W 73rd St., NY 10028）
交　　通：乘坐地铁1、2、3、B、C号线到72街（72nd St.）站，步行5分钟
营业时间：08:00～20:00
人均消费：150～360RMB

童话般的英式下午茶

中央公园西侧有一家如梦境般的英式下午茶餐厅，这里的一切都与一部世界著名的童话故事《爱丽丝梦游仙境》（*Alice in Wonderland*）有关。客人们进入餐厅就如同爱丽丝掉入了兔子洞，墙壁上以漫画的形式再现了爱丽丝与三月兔、睡鼠、帽子先生一同共进"疯狂的下午茶"的情景。

Alice's Tea Cup的女主人Fox姐妹十分喜欢爱丽丝梦游仙境的童话，她们决定在纽约打造一个梦幻又可爱的下午茶餐厅，人们在这里可以忘记烦恼，回到无忧无虑的童

年。2001年，她们在曼哈顿上西城开了第一家餐厅，随后立刻受到了纽约客的追捧。很多准妈妈在这里举办Baby Shower Party（婴儿洗礼聚会），与好闺蜜三五结伴地来此享受轻松又愉快的下午茶时光。

由于实在是太火爆，Fox姐妹很快又在曼哈顿连开了另外两家分店。而店名则是按照小说中的章节划分，名为Alice's Tea Cup Chapter 1、2、3。每家餐厅都保持着童话般的甜美风格，无论是稚气的孩童，还是年迈的老人，都会沉浸于这个彩色的梦

幻世界。

餐厅内有一个售卖茶具、茶叶、松饼的小台，里面摆放着各种复古又有趣的小装饰品，墙壁上还贴着带有水晶亮片的彩色蝴蝶小翅膀。餐厅贴心地为每个小朋友准备了不同颜色的蝴蝶翅膀，女孩子们插上翅膀，戴上小皇冠，拿着仙女棒，瞬间变身现实版的爱丽丝。整间餐厅充满了客人们的欢声笑语，大家都被温馨而甜蜜的氛围所环抱。

这里除了别具一格的童话主题外，三层架式的传统英式下午茶是这里的招牌餐点。按照饮茶的人数和点心分量分为三种价位的下午茶。一般两到三人可以选择The Mad Hatter（疯狂的帽商，爱丽丝故事里的人物之一），其中包括一壶茶、两种口味的司康（配有鲜奶油和果酱）、自选两种味道的三明治，还有一些小饼干和甜点。

Alice's Tea Cup的司康非常有名，新鲜烤制的司康奶香浓郁又酥松可口。这里的司康有十几种不同的味道，而且每日都有特殊口味，如巧克

力、蓝莓、红莓、南瓜、芝士火腿等。刚刚出炉的司康还冒着热气，轻轻用手掰下一块，将黄油和自制的果酱抹在外酥里软的司康上面，那诱人的香气直袭鼻腔，咬上一口便让人顿时觉得温暖。

除了各种司康和点心外，Alice's Tea Cup的茶也是其卖点之一。这里有上百种不同类别的茶，从红茶、绿茶、花茶、白茶到有机茶、水果茶，从清淡柔和到醇厚鲜浓，各种滋味应有尽有。服务员还会根据客人的喜好和所选择的司康味道来推荐相配的茶。这里的茶壶也非常可爱，彩色的茶壶盖上有一只可爱的小猫或小兔子端坐其上。Alice's Tea Cup就是一场梦境中的下午茶疯狂派对，无论你是谁，只要来到这里，就变成了充满童真的爱丽丝。

英式下午茶

GRAY'S PAPAYA

地　　址： 纽约百老汇大街与72街交汇处2090号（2090 Broadway St., NY 10023）

交　　通： 乘坐地铁1、2、3号线到72街（72th St.）站，步行1分钟

营业时间： 24小时营业

人均消费： 30RMB

纽约廉价美味热狗

纽约最流行的食物恐怕就是廉价又方便的热狗了，随处可见的热狗小餐车每天为上百万的人们提供这种最为简单的餐点。低至99美分一个的水煮牛肉肠加上普通的热狗面包，淋上番茄酱和芥末酱，这应该是第五大道上最便宜的食物了。

每年7月4日美国国庆节，纽约的康尼岛都会举行盛大的吃热狗比赛来庆祝。无论是纽约的亿万富翁还是无家可归的乞讨者，都会以热狗来充饥。它着实算不上什么特别的美味，但对于纽约人而言，热狗是他们不可或缺的食物。迎着寒风，在高楼林立的纽约街头买上一个热狗，边走边吃，这大概是在纽约居住过一段时间后的人们共有的生活体验。它很平凡却很实在，可能就如同《欲望都市》中的Carrie一样，就算品尽纽约各种奢华美味仍然需要一根普通的热狗来慰藉心灵。而Carrie最钟爱的热狗就是素有"纽约第一热狗"之称的Gray's

Papaya。2006年，*Time Out NY*评选纽约人最喜欢的热狗，Gray's Papaya打败了强敌Papaya King和Papaya Dog，荣获"纽约最佳热狗"称号。

Gray's Papaya从1973年开始在纽约售卖热狗，几乎一年365天都营业，而且每天都是24小时开门。无论什么时候，只要饥饿难耐都可以去Gray's Papaya，花上1.95美元（约12RMB）买一个最传统的牛肉肠热狗。要知道，并不是美国所有地方都售卖牛肉肠。若想加入芝士或辣味豆酱只需额外支付0.5美元（约3RMB）。

这里标榜的就是便宜又高品质的正宗纽约牛肉热狗，Gray's Papaya还推出了Recession Special（经济危机特价套餐），两根热狗和一大杯汽水只需4.45美元（约27RMB），不过曾经只要3.5美元（约21RMB），为此老板还特意伤感地在店内写道："由于房租、食物原料价格上涨，我们也无奈涨价。"其实纽约有很多新潮的创意热狗店，新派热狗中会融入很多不同元素，如裹着培根肉，加入牛油果，又或点缀着亚洲食材等，但这家老牌的热狗店Gray's Papaya数十年如一日，始终售卖最普通、最便宜的纽约热狗，它的忠诚赢得了纽约人的喜爱。

Gray's Papaya除了便宜的热狗，还有椰子香槟水（非酒精饮料）、木瓜汽水、鲜榨木瓜汁、芒果汁、葡萄汽水等饮料。

美 食 推 荐

牛肉肠热狗
木瓜汁

Smorgasburg Food Flea Market

Peter Luger

The River Café

Grimaldi's pizza

Dinosaur BBQ

北

布鲁克林区

PETER LUGER

商 家 信 息

地　　址：纽约布鲁克林百老汇大道178号（178 Broadway Brooklyn, NY 11211）
交　　通：乘坐地铁J、M、Z号线到布鲁克林马西大道（Marcy Ave）站，步行12分钟
营业时间：11:45～21:45（周一至周四），11:45～22:45（周五至周六），12:45～21:45（周日）
人均消费：600RMB以上

令人销魂的红肉盛宴

关于美式牛排有这样一种说法，美国最棒的牛排馆在纽约，纽约最好的牛排馆在布鲁克林。Peter Luger牛排店连续30年被Zagat评为"纽约最棒牛排馆"，它是美国唯一一家米其林星级牛排馆。这座富有传奇色彩的百年老店几乎成了"纽约牛排"的代名词。

位于布鲁克林桥边的Peter Luger是一栋四层楼高的红砖老楼。从曼哈顿坐地铁到布鲁克林，远远就能看到大楼墙壁上Peter Luger的巨型广告，它已经成为布鲁克林的地标。

1887年，德裔美国人

Peter Luger与侄子Carl在布鲁克林开了一家名为Carl Luger的咖啡馆。这里的招牌牛排远近驰名，深受附近居民的喜爱。但Peter过世之后，儿子无法管理好餐厅，其便日渐衰落，最后沦落到被迫拍卖的境地。几经曲折，餐厅被一位在这里品尝了25年牛排的忠实食客所购买，在Sol Forman先生及太太的用心经营下，Peter Luger牛排馆赢得了《纽约时报》四星的高评价，并成为纽约首屈一指的牛排馆。尽管这家牛排馆三次易主，历经百年风雨，但其无可挑剔的品质使其至今仍然屹立不倒。

纽约其他的牛排馆也有非常不错的牛排，但唯有Peter Luger的牛排是自成一派的，所以曼哈顿许多著名的牛排店都在模仿Peter Luger的风味。例如，城中大名鼎鼎的Wolfgang's牛排馆就是Peter Luger的前领班服务生所开，从餐单的设计到牛排的做法几乎同Peter Luger如出一辙。但如果没有亲口品尝过Peter Luger，就好像去了北京没有吃到全聚德，心里总会有些遗憾。

走进Peter Luger，就如同来到了一个古老的德国传统酒吧，放眼都是原木色的桌子，深褐色的木墙，复古的深棕色木纹吧台。大厅的墙壁上挂满了Zagat历年所评选出的"纽约最佳牛排馆"的荣誉证书。还未来得及欣赏百年牛排老馆的陈设，食客早就被空气中弥漫的浓浓肉香扰得心神不宁，口水毫不含蓄地自觉流出。

Peter Luger的菜单非常简单，仅有一张薄薄的纸片。这里只提供Porter House牛排。Porter House是从牛前腰的后半部分取下的一块肉，它呈现出一个T形骨头，一边是纽约客牛排，一边是菲力牛排。Porter House是非常典型的纽约牛排，既可以品尝到嫩中带腴、富有嚼劲的纽约客牛排，又可以享受菲力肉排的细腻和滑嫩。Peter Luger可以提供两人份、三人份、四人份的Porter House，建议大家选择三分熟（Medium Rare）。

Peter Luger牛排的美味秘诀在于选择最为上等的牛肉。这里的牛排全部来自Dry aged USDA Prime（风干熟成的顶级牛肉），只有2%的牛肉经过USDA认证后才可以

称为顶级牛肉。Peter Luger 的后厨有一个深2000尺的存储室，可以存放30000磅生牛肉。店主每日都会亲自挑选油花分布均匀、呈深粉红色的极品牛肉。挑选牛肉的过程犹如在买一个LV的皮包，要反复精心查看，直到毫无瑕疵为止。

挑选好上等牛肉后，就要进行醒肉的程序。将牛肉放在温度、湿度适当的房间进行自然脱水，熟成风干的时间大约在28天左右。这个过程中，牛肉颜色会慢慢变深，牛肉的结缔组织开始软化，水分的蒸发使得牛肉肉质更加紧实。风干时，牛肉的油脂融化到牛肉纤维中，将饱满的肉汁深深锁住。

经过复杂的肉质处理后，牛排才正式开始用海盐进行调味。将烤架调到800华氏度的高温，牛肉触碰到烤架的那一刻发出激情四射的火花，牛肉的油脂顺着铁架流溢，发出嗞嗞的动人声响，那一股焦香的轻烟散发出让人无法抵挡的极致香气。而Peter Luger牛排香到让人疯狂的小秘招就是在出炉前，在滚烫的餐盘中淋入融化的黄油，再将煎好的牛排放入其中。难怪Peter Luger的牛排盘中会有一层油脂。

Peter Luger的服务员都是快步疾走地送餐。为了保证

排吃起来肉质细腻而肥腴，汁水非常充沛。用餐刀切下一小块放入嘴中，那油脂伴随着肉香在舌尖慢慢爆破直到消融，绝对让你吃后就难以忘怀。

除了Porter House牛排外，这里的厚块培根肉也是必试的菜肴。一般的培根肉都是薄薄一片，煎得又干又脆，而这里的培根肉却形如腊肉，烟熏味道浓郁，柔软焦香，肥而不腻。切记不要吃得太饱，留下胃口试试这里的鲜奶油，它还有一个特定的名字叫Schlag。这是他们独家秘制的奶油，口感细腻绵密，而且比超市卖的奶油要扎实许多。这里所有的甜点都附送Schlag。吃完之后，Peter Luger还会附送可爱的金牌巧克力作为纪念。

特别提示：需要提前订位，仅收现金。

牛排的绝佳火候，Peter Luger的服务员必须在从厨师手中接到牛排后两分钟之内将牛排送到客人桌前。

这里的服务员全是中年男士，他们系着白围裙，身手矫捷地从餐桌的间隙中自如穿梭，手上端着滚烫的厚厚瓷盘，上面还冒着焦香的青烟，听得到油花四溅的嗞嗞声。

在Peter Luger吃牛排感觉像在吃铁板烧，油花四溅、烟雾缭绕中，一盘绝味Porter House牛排就粉墨登场了。牛

Porter House牛排

培根肉

苹果卷

THE RIVER CAFÉ

地　　址：纽约布鲁克林水街1号（1 Water St. Brooklyn, NY 11201）

交　　通：乘坐地铁A、C号线到布鲁克林高街（High St.）站，步行10分钟

营业时间：17:30～23:00（周一至周五），11:30～次日00:30（周六至周日，14:30～17:30休息）

人均消费：400RMB以上

布鲁克林桥下的浪漫河景餐厅

犹如置身于私家园林，石阶、吊兰、林荫小道，漫步于花香袭人的前院已觉得景色怡人，然而这仅是一部序曲，高潮在曲径深处才慢慢展开。纽约标志性的布鲁克林悬索桥近在咫尺，曼哈顿无与伦比的天际美景尽收眼底，而东河上的点点星帆则如同一幅流动的画卷，美得无可挑剔，让人窒息。这里就是无数次被评为"纽约最浪漫餐厅"的The River Café。

The River Café 依傍于宁静的东河边，以百年布鲁克林桥为天然布景，高楼耸立的曼哈顿岛为奇幻前景，它的浪漫几乎无需人为打造。只要坐在此处，任河风轻拂脸颊，便是酒不醉人人自醉。

The River Café 是婚礼场地的热门之选，能在这里举行一场婚礼是无数女孩的心中梦想，而不少男士也将此地作为求婚地点，因为几乎没有人能在这摄人心魄的景致下说No。如今，想在The River Café 办一场婚礼，至少要提前半年预定，而想在此处享用一顿晚餐则需提前一个月预定。

然而，在20世纪70年代，餐厅老板Michael Buzzy O'Keeffe选择在东河边投资开设餐厅却是一个极其冒险的举动。当时的布鲁克林桥边是一个荒凉、破落的地方，除了一些卸货的卡车停靠在码头边，甚少有人经过此地。没有一间银行愿意贷款给O'Keeffe先生，经过不懈的努力，他依然在1977年于布鲁克林桥下开设了这家The River Café并大获成功。之后的几十年，The River Café并没有辜负布鲁克林桥的恢弘，它以高水准的优质服务和上乘的精致新派美式佳肴引得赞誉一片。

The River Café采用的都是本地农场最为新鲜的有机食材，将传统的美式烹饪方式与法餐、意大利菜的烹饪技艺相结合，创造出独具风格的新派美式佳肴。

按照依时而食的原则，这里的菜单会根据当季的不同食材而设计，充满新意而美味的菜肴会带给客人非同一般的味觉体验。餐厅最为出名的有Three Shells（三种贝类），新鲜的鲍鱼、生蚝和扇

贝用三种不同的酱料腌制，虽然都是刺身吃法，却口感各异，非常有趣。纽约本地哈德逊谷产的鹅肝两吃——鹅肝慕斯与煎鹅肝卷饼也是不错的前菜。而主菜的小羊排、焗龙虾、煎海鲈鱼等都是厨师的推荐菜式。

除了非常难预订外，The River Café 的消费也比较高。这里的菜肴不能单点，只能选择Three Courses（头盘+主菜+甜点定餐），每人消费为115美元（约690RMB），而若想尝试主厨的推荐菜肴则需每人145美元（约870RMB），还都不含小费和税。当然，能与心爱之人坐在此等浪漫之地，品着红酒、赏着美景，就算破费一次也是值得的。毕竟，能拥有这样一生一世的心醉是件无比幸福的事。

GRIMALDI'S PIZZA

商 家 信 息

地　　址：纽约布鲁克林佛朗特街1号（1 Front St. Brooklyn, NY 11201）

交　　通：乘坐地铁A、C号线到布鲁克林高街站，步行10分钟

营业时间：11:30～22:45（周一至周四），11:30～23:45（周五），
　　　　　12:00～23:45（周六），12:00～22:45（周日）

人均消费：120～300RMB

布鲁克林桥下最受欢迎的披萨店

纽约有很多吃披萨的地方，如街头99美分的便宜披萨，棒约翰、必胜客等连锁店。但这些披萨只能作为果腹之用。如果说到可以细细品味滋味的好披萨，纽约人有自己的一张"最棒披萨清单"，而很多人心中的第一名便是布鲁克林桥下鼎鼎大名的Grimaldi's披萨。

　　来到纽约，一定要走一次有着百年历史的布鲁克林桥，它是美国最古老的悬索桥之一。始建于1869年的布鲁克林大桥横跨东河，连接着曼哈顿和布鲁克林区。它曾无数

次地出现在电视中，傲视群雄的英姿为世人所瞩目。站在布鲁克林桥上不仅能360度观赏纽约大都会的美景，领略纽约最美天际线，还能在桥下寻找到纽约最美味的Grimaldi's披萨。

从布鲁克林桥下来，走到佛朗特街，就能看到一间店铺外排着长长的队伍，这就是Grimaldi's披萨店了。一年365天，这里几乎每天都是人潮涌动。人们愿意在太阳下或寒风中等待一两个小时，只为了那一口地道的意大利酥脆披萨饼。

Grimaldi's披萨可谓是简单到难以置信，甚至有人会觉得乏味。正因为其味道单纯，人们才可以静心体味面团的弹性、番茄酱汁的酸甜度以及披萨底部焦黑的酥皮。这里的披萨是按照意大利最为传统的工艺来烤制的，只有用木炭炉子才能烤出带有炭香的烟熏味道，这是一般电炉所无法做到的。

Grimaldi's的披萨菜单非常简单，这里只出售整块披萨，不能单片购买。而披萨的

基本配料也只有番茄酱、九层塔叶和马苏里拉芝士。意大利进口的小番茄酸甜适度，每日新鲜制作成番茄酱汁，绿油油的九层塔清香扑鼻，还有质地柔软湿润的马苏里拉芝士。没有花哨的酱汁或复杂的调味，这里主打的就是极度的"新鲜"。

而Grimaldi's披萨的面团也是其美味的关键之一，底部被烤得焦黑酥脆的面饼，带有一丝淡淡的咸味，吃起来特别筋道，嚼劲十足。Grimaldi's

的披萨师傅都经过长期培训，从揉面、撑面，到撒番茄酱、芝士、九层塔，一气呵成，迅速而熟练。将做好的披萨饼放入 900华氏度的炭炉中烤制三分钟，一块外皮酥脆，飘散着浓浓芝士与番茄酱香气的传统意式披萨饼就出炉了。客人们可以在店中亲眼观看师傅们制作披萨饼的全过程。

如果觉得配料太过单调，还可以加入意大利香肠、肉丸、黑橄榄或者干西红

柿等。这里的披萨和改良过的美式披萨是完全不同的口味，食客们之所以喜欢它就是为了享受一种简单的美好。

人们可以坐在布鲁克林桥下的长椅上，一边吃着刚刚出炉的炭烤披萨，一边吹着河风，附近的Brooklyn Ice Cream Factory 的冰淇淋也是不容错过的饭后甜点。仰望着布鲁克林桥的恢弘与壮观，世界最美妙的天际线触手可及，仿佛置身于电影中，眼前的一切都美得犹如梦境。

DINOSAUR BBQ

地　　址：纽约布鲁克林联合街604号（604 Union St. Brooklyn, NY 11215）

交　　通：乘坐地铁R号线到联合街（Union St.）站，步行5分钟

营业时间：11:30～23:00（周一至周四），11:30～24:00（周五至周六），11:30～22:00（周日）

人均消费：120～240RMB

大名鼎鼎美式BBQ

早在1983年，恐龙烧烤屋还是纽约上州锡拉库扎的一个小小移动路边摊。人们将一个55加仑的大鼓锯开，制作成简单而粗犷的烧烤台面。小摊附近聚集着很多哈雷重机爱好者，他们将机车停靠在烧烤摊旁边，非常豪迈地吃着烤肉。而恐龙烧烤摊的老板也是一位重机的狂热爱好者，大家边吃边聊，很快成为好朋友。

就这样，恐龙路边烧烤摊在当地声名鹊起，经常为美国东北地区的各种摩托车秀、大型聚会等提供食物。经过五年的时间，恐龙烧烤摊终于在纽

约的锡拉库扎成立了第一家店面，而后迅猛发展，将餐厅开到了纽约市、新泽西、康州等地。在纽约有两家恐龙烧烤店，一家在布朗士，另一家在布鲁克林。

在王牌栏目《早安，美国》中，恐龙烧烤屋被评为"全美最好吃的烧烤店"。恐龙烧烤屋不仅保留了美国南部最地道的烧烤风味，而且还不断改良创新，其秘制的烧烤酱汁将肉质的鲜美展得淋漓尽致。

若想在纽约体味一次美国南部风情，来恐龙烧烤屋就对了。这里看似不经雕琢的原木桌椅，热情奔放的音乐，大杯的新鲜扎啤，让客人瞬间来到了牛仔的故乡，沉浸在豪放不羁、轻松愉悦的氛围中。

恐龙烧烤屋的圣路易斯安那风味烤小排非常出名。小排先用红糖、盐、大蒜、红灯笼辣椒、柠檬和多种香料混合的自制酱料揉搓、腌制十几个小时，使酱料完全渗入到肉排的肌理中，再入烤箱慢火烤制十几个钟头直到肉排外焦里嫩。木炭的香气从排骨的外皮

散发出来，闻着就已经让人口水直流了。小排骨的肉质非常细腻鲜嫩，脆骨嚼劲十足，肉汁也充沛。一份肉排有12块，还配有玉米面包和两种自选的配菜。食客可以从14种不同配菜中选择，美国家常菜芝士通心粉、炸薯条或沙拉等都很值得尝试。

如果想将恐龙烧烤屋的招牌烤肉一次吃个遍，就可以选择自由组合的套餐，可在路易斯安那风味小排、手撕猪肉、烤牛胸肉、烤鸡、香辣烤虾、烤辣肠中任意选择两种或三种作为烧烤主菜。喜欢口感较为肥腻的朋友还可以尝试他们家的牛胸肉。微微冒出油脂的牛胸肉切成薄片，肉香四溢，鲜嫩无比。

这里的Jumbo BBQ Chicken wings（烤鸡翅套餐）有蜂蜜烧烤味、辣汁蒜味等，外酥里嫩又烟熏味十足的各种风味烤鸡翅绝对会让你吮指不止。

如果第一次来恐龙烧烤屋吃饭，可以先选择Swag Sampler Plate（招牌小菜拼盘），分为一人份、两人份、四人份，内含辣烤大虾、烤鸡翅、炸绿番茄、魔鬼蛋等经典头盘。

炸绿番茄是恐龙烧烤屋的拿手好菜。以前只见过红番茄，从未见过这种碧绿色的番茄。这是一道传统的美国南部菜，将质地比较结实的绿番茄切成厚片，裹上玉米面、黄油、鸡蛋等炸成金黄色，外皮酥脆、奶香浓郁，里面却能吮吸到西红柿的新鲜汁水，口感甚是奇妙。而魔鬼蛋也是一道搭配烧烤的绝佳小菜。将煮熟的鸡蛋黄取出配上蛋黄酱、辣酱等各种调料拌制，再点缀于煮熟的蛋白之上。蛋白娇嫩，蛋黄绵密，酸中带辣，丰富的口感让普通的鸡蛋霎时间华丽蜕变。

招牌小菜拼盘
路易斯安那风味小排
手撕猪肉
烤香辣烤虾
炸绿番茄

SMORGASBURG FOOD FLEA MARKET

地　　址：周六在威廉斯堡的东河公园内（Williamsburg at East River State Park）
　　　　　周日在布鲁克林桥公园5号码头（Brooklyn Bridge Park Pier 5）
交　　通：周六乘地铁L号线到贝德福德大道（Bedford Ave）站，步行15分钟
　　　　　周日乘地铁2、3号线到克拉克街（Clark St.）站，步行10分钟
营业时间：11:00～18:00
人均消费：15～60RMB

布鲁克林最大的美食集市

布鲁克林桥不仅连接着布鲁克林和曼哈顿，它更牵引着无数人心中的"纽约梦"。多少怀揣梦想的年轻人都是从布鲁克林开始闯荡纽约的。他们遥望着河对岸的高楼大厦，依稀看到一个纸醉金迷的世界，而河的这一头却是梦想起航的地方。

布鲁克林聚集着大量充满活力、敢于挑战，虽然没有钱但依然有梦的年轻人，这里有许多特立独行的小店、二手市场，还有吃货们绝对不容错过的美食集市 Smorgasburg Food Flea Market。

Smorgasburg美食集市汇集了来自全纽约100多个不同的街头美食摊位，世界各地的街头小吃、创意料理、人气美食都能在这里找到。

每个周末，东河边就会撑起上百个帐篷，美式烧烤、墨西哥卷饼、烤玉米、意大利熏肉、日式章鱼小丸子、中国的炒饭和饺子、东欧的三明治、泰国的炒河粉、冰淇淋三明治、泛亚洲料理等，应有尽有。这是一个展现美食创意、实现梦想的绝佳平台，也是吃货和老饕们寻觅最新城中美味的地方。

Smorgasburg美食集市可是纽约美食的先锋站点，著名的拉面汉堡最早就出现在Smorgasburg美食集市上，而后一夜爆红。人们可以在这里品尝到前所未有的怪异小吃，又或纽约最知名的人气餐

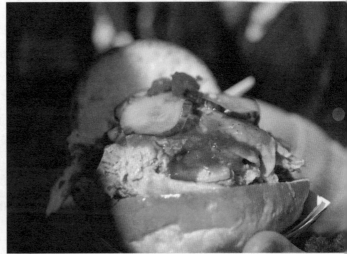

车美食。

　　Smorgasburg美食集市
有点像台湾的夜市，但它只在
白天开放。从主食、小吃、饮
料到甜点应有尽有，人们可以
边走边吃。虽然没有特定的就
餐地点，但人们可以将小吃拿
到东河边，坐在石凳或长椅
上，面对着如画般的美景，品
味着纽约最地道的小吃，还有
什么比这里更加惬意和舒适
呢？如果想彻彻底底做一次纽
约客，Smorgasburg美食集市
绝对是最棒的寻味体验之地。